里地里山文化論

養父 志乃夫

上 循環型社会の基層と形成

農文協

「里地里山」に育まれた日本文化

縄文時代の落葉広葉樹林に芽生えた里地里山文化は、約六〇〇〇年前の縄文海進後、約三〇〇〇年前の縄文晩期、渡来人がもたらした稲作が加わり、日本文化の基層を形成する。それは、徹底循環型のサスティナブルなライフスタイルである。この自然環境と共に歩むライフスタイルは、昭和三〇年代まで続いた。

燃料は里山から柴刈り

里地里山は、水と空気、土、カヤ場や雑木林から屋敷、納屋、牛馬小屋、畑、果樹園、竹林、植林、溜池、小川、水田、土手、畦など、一連の環境要素が一つながりになった暮らしの場である。燃料の薪や柴は、里山の雑木林を萌芽更新させ繰り返し採取してきた。植物が大気中のCO^2を吸収して成長し、これを燃料として暮らしに活かすことで循環させた。雑木林の落葉落枝も焚き付けや堆肥材として使い、炭素は人と里山を行き来した。

⬆刈り取った柴は山裾で乾かし天秤棒で担ぎ持ち帰った
●昭和30年代　石川県能登半島
撮影・棚池信行（須藤功著『写真ものがたり昭和の暮らし9技と知恵』農文協より転載）

⬆薪柴を採取し萌芽更新で雑木を再生させた
●昭和46年　新潟県山古志村（現 長岡市）
撮影・須藤功（須藤功著『写真ものがたり昭和の暮らし9技と知恵』農文協より転載）

⬆囲炉裏で薪柴で煮炊きし、暖を取る家族。上にはワラで手づくりした靴や蓑などが干されている
●昭和30年　新潟県六日町（現 南魚沼市）
撮影・中俣正義（須藤功著『写真ものがたり昭和の暮らし1農村』農文協より転載）

⬅高いスギの木の下にマツの枝を取り付けた門松。裏山の萌芽更新した雑木林から採取した薪柴が軒下に保管され、煮炊きや暖房に備えている。裏山からは堆肥にする落葉落枝も採取し、尾根の天然マツは用材用に育成した
●昭和35年　群馬県水上町（現 みなかみ町）
撮影・都丸十九一（須藤功著『写真ものがたり昭和の暮らし1農村』農文協より転載）

肥料も草山からの刈敷《かりしき》と人糞尿（下肥《しもごえ》）で循環

田畑の作業は大半が家畜と人力によった。肥料は草山から採った刈敷、牛馬が作り出す堆厩肥、人の糞尿を発酵させた下肥を入れた。土手や畦の草は家畜の餌となり、里地里山の有機物がヒトの暮らしと田畑を循環した。草山のカヤで屋根を葺き、ワラは縄や草履など生活雑貨にも使い、作物殻等は燃料や堆肥となり、ゴミとなるものはなかった。雑排水も棚田に流れイネに養分を吸収させて浄化し、小川に戻した。

⬆家畜の飼い葉や刈敷、屋根を葺くカヤを採取する草地（入会地）
●昭和34年　長野県富士見町
撮影・武藤盈（須藤功著『写真ものがたり昭和の暮らし１農村』農文協より転載）

⬆刈草を野積みで乾かし牛の背に乗せ持ち帰る
●昭和40年　熊本県南小国町
撮影・白石巌（須藤功著『写真ものがたり昭和の暮らし２山村』農文協より転載）

⬆肥桶を天秤棒で担いで畑から帰る農夫。前には大きな柄杓（ひしゃく）、後には下肥を注ぐ湯桶（ゆとう）が見える
●昭和31年　埼玉県吉田町
撮影・武藤盈（武藤盈・須藤功『写真で綴る　昭和３０年代農山村の暮らし』農文協より転載）

⬅代かき前に草山から採取した草木を田に入れ馬耕や人力で鋤き込む刈敷。草山は田に附属し、田の約半分から同じくらいの面積が必要であった
●昭和33年　長野県富士見町
撮影・武藤盈　（武藤盈・須藤功『写真で綴る　昭和30年代農山村の暮らし』農文協より転載）

➡田に水を引く土水路で雑魚捕りする兄弟。年下に技を教え家族のタンパク源を得た
●昭和30年代　秋田県湯沢市
撮影・加賀谷政雄（須藤功著『写真ものがたり昭和の暮らし１農村』農文協より転載）

⬆自然薯をきれいに掘りあげた少年。すべてを採らず小さいイモは来年まで残し、野山の有用植物を守った
●昭和46年　新潟県山古志村（現長岡市）
撮影・須藤功（須藤功著『写真ものがたり昭和の暮らし２山村』農文協より転載）

⬇牛を水浴びさせる川でコウノトリが餌を採る。人と牛が歩くと雑魚が逃げ出すのでそれを狙う
●昭和35年　兵庫県豊岡市
撮影・高井信雄（須藤功著『写真ものがたり昭和の暮らし５川と湖沼』農文協より転載）

里地里山の植生環境が育んだ生態系

里地里山は、ヒトだけではなく多様な動植物の生息地であった。そこでは植物の生産活動を基盤に、これを食べる生物、さらにこれらの生物を捕食する生物、さらにこれらを食べる肉食鳥獣が生活した。だからこそ、オオカミやカワウソ、トキやコウノトリが生息できた。ヒトは里地里山から鳥獣や山菜をお裾分けとして頂いた。その採取にも野山を大切にする掟があり、世代を超えて受け継がれた。ヒトは環境容量の範囲内で暮らしを守った。

⬆神前に初物のイノシシの頭を奉納し里山の恵みに感謝し豊穣を祈った
●昭和44年　宮崎県西都市
撮影・須藤功（須藤功著『写真ものがたり昭和の暮らし２山村』農文協より転載）

近世末（1850年頃）の林野利用

（作製　藤田佳久）

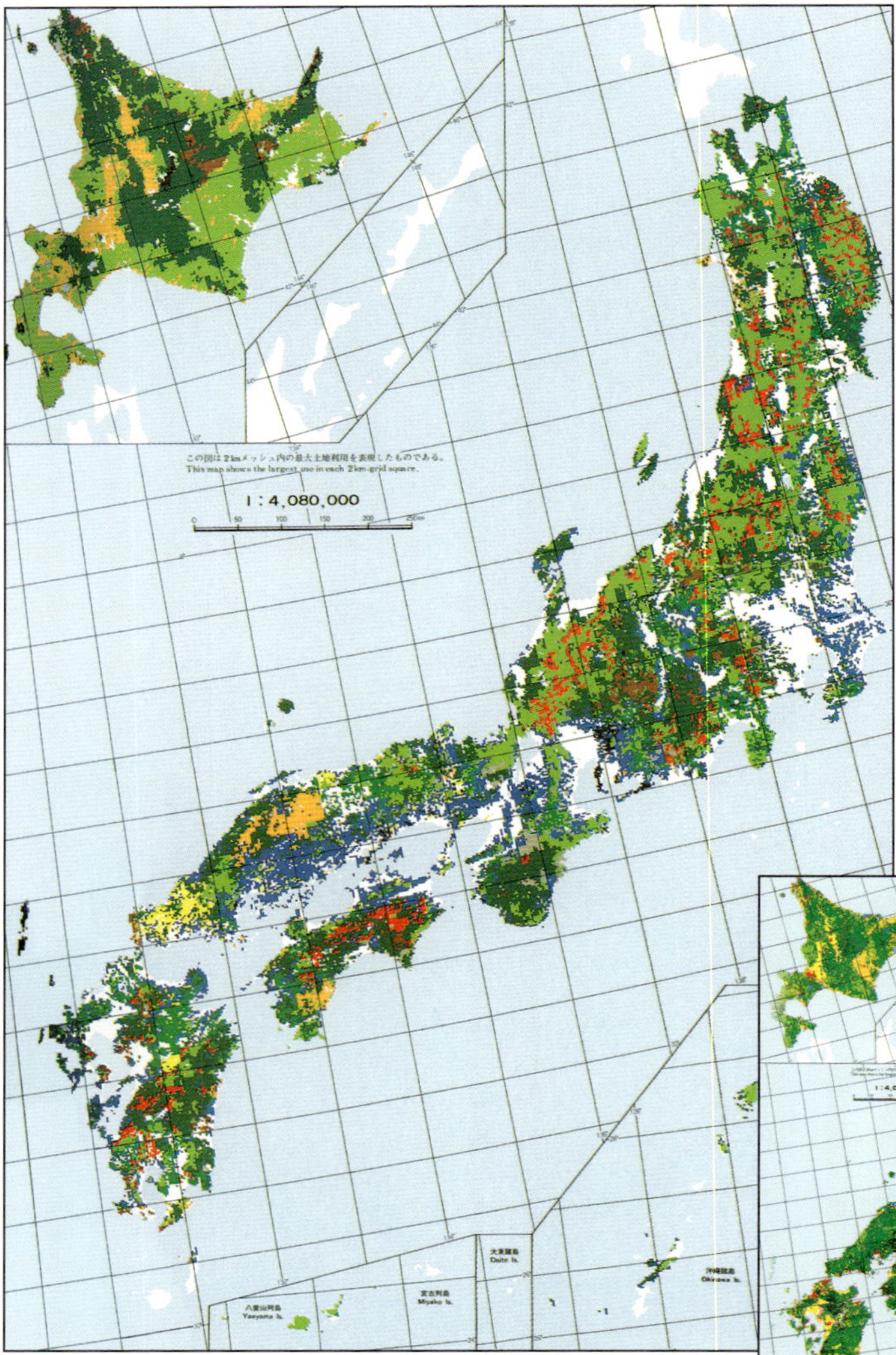

- 育成林
- マツ林
- その他の針葉樹林
- 禿げ山
- 焼畑
- 柴草山
- その他の荒れ地
- その他の広葉樹林
- 矮松地
- 混交樹林

現在（1985年頃）の国土利用

（作製　氷見山幸夫）

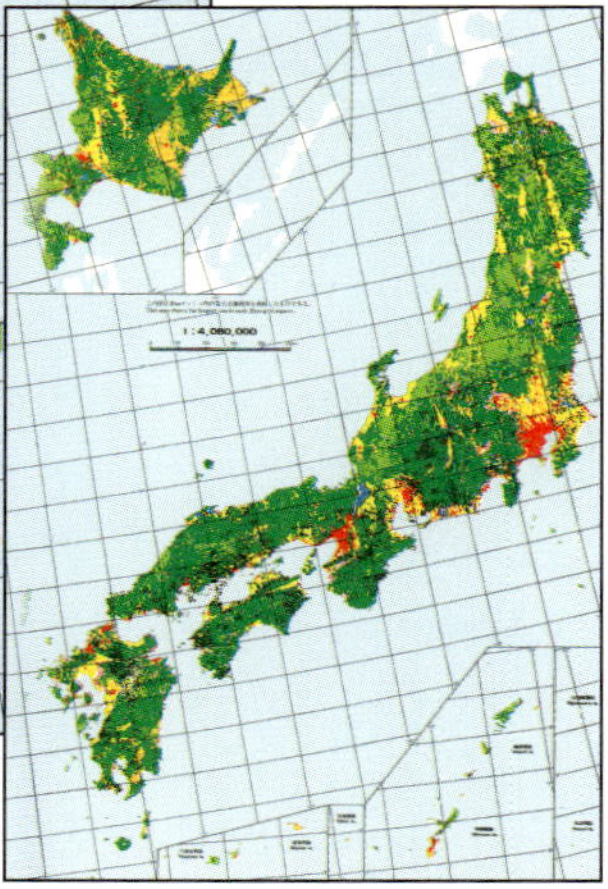

- 都市・集落
- 田
- 畑
- 果樹園・樹木畑
- ゴルフ場
- 広葉樹林
- 針葉樹林
- 混交樹林
- 竹林・しの地
- 荒れ地
- 湿地
- 水面

両図、西川治監修『アトラス　日本列島の環境変化』（朝倉書店）より転載

戦後急激に変貌する「里地里山」

近世末、農耕地（白色部分、一部都市・集落地を含む）が国土の約14％、柴や刈敷、飼い葉を得るための柴草山（緑色部分）が約12％、薪炭や建材等を得るマツ中心の樹林（青色部分）が約13％、雑木とマツの混交樹林（濃緑部分）が約26％あった。ヒトが徹底循環させて食料や燃料、生活資材を得て、暮らしと子孫を支えてきた里地里山は、少なくも国土の約65％を占めていた。しかし、約100年後の現在を見ると草地はほとんどなくなり里山は放置され、都市面積は当時の3・5倍となった。地下産出の化石燃料をふんだんに消費しているため、温暖化等、さまざまな環境問題を引き起こしている。

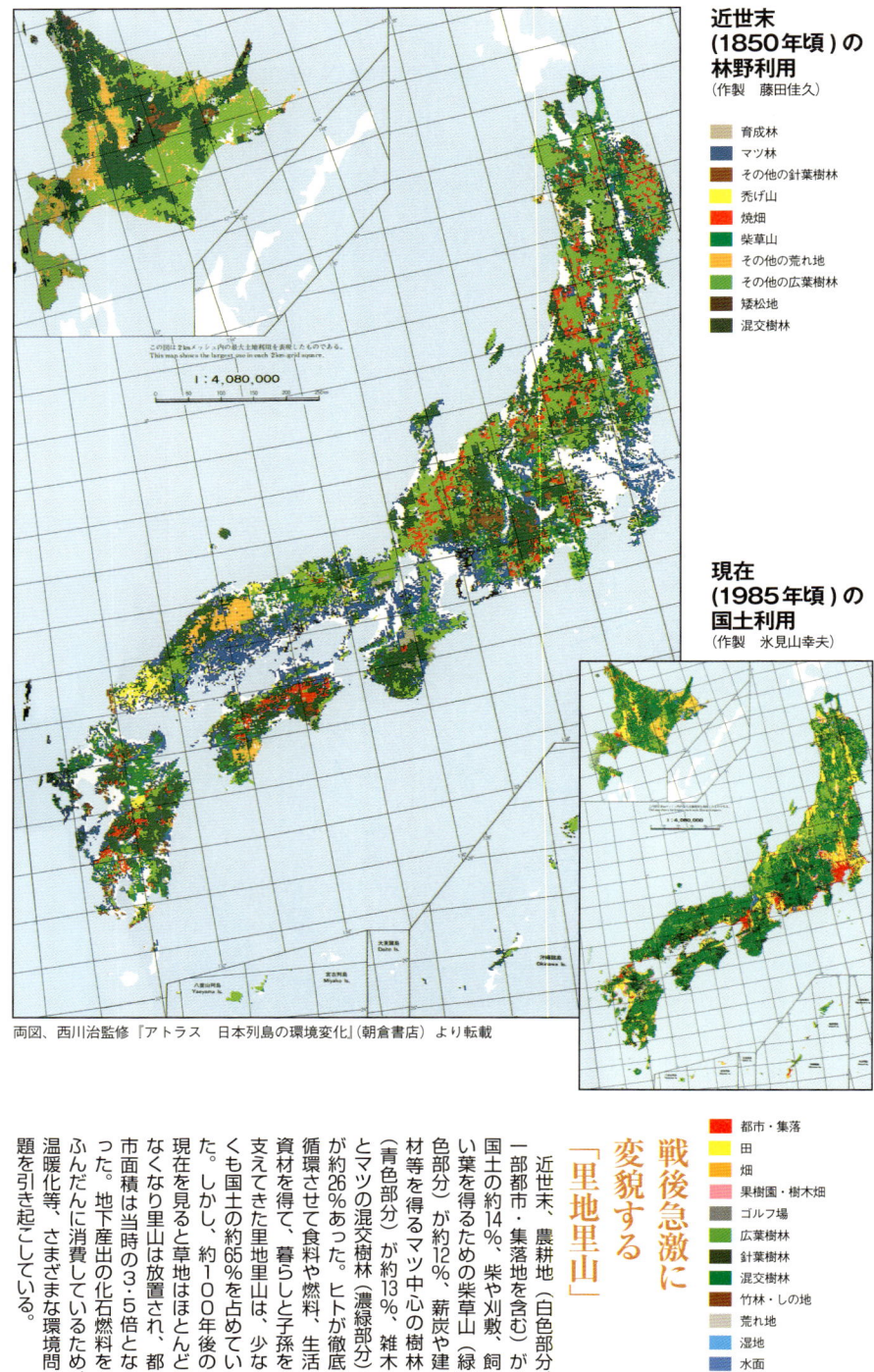

↑溜池の浅瀬で餌を採る野生トキの群れ

「里地里山文化」のルーツを訪ねる

日本と同じモンスーン気候に属し、ジャポニカ米稲作の起源地といわれる中国大陸長江中下流域を始めに、遣隋使や遣唐使が途中、通過した山東省や遼東半島、朝鮮半島南部沿岸に赴いた。そこには日本では昭和三〇年代まで続いてきた徹底循環型の里地里山の姿と暮らしがあり、動植物や生態系に無数の共通性を見いだすことができた。

↑谷戸に連続する棚田

野生トキがすむ長江支流漢江流域

―洋県の里地里山

そこには米を主食とし有機物を徹底循環する里地里山文化があり、日本で絶滅したトキも生息する。燃料は薪柴、燃える物すべて、草は牛の餌、牛は耕耘、荷役を担い、肥料は牛糞堆肥に下肥、田の水は里山から流れ、水田にはオモダカやイヌビエが生え、カトリヤンマが群れ飛ぶ、昭和三〇年代までの日本の里地里山であった。

↑トキの巣が裏山にある現地の民家

←萌芽更新により2～3本立ちに仕立て、柴刈りや落ち葉掻きが行き届いたクヌギ林

↑天秤棒にカゴを掛け堆肥を田畑に運ぶ婦人

数々の文化と動植物を伝えてきた長江の流れ

日本と酷似する長江中流域

―湖北省武漢の里地里山

斜面上部に用材用の自生マツを育成し、雑木を薪柴として採取する里山が連続する。秋の土手にはヒガンバナが咲き、日本と共通の野草が目立つ。池沼ではガマやハスが群生し、トノサマガエルやメダカ、ギンヤンマが生息し、日本では絶滅危惧種になった水草デンジソウやサンショウモも自生する。水田にはジャポニカ米が栽培され、稲刈り前にはイナゴが跳ねる。スッポン鍋やシイタケとレンコンの煮物、米粥、サトイモの煮付け等々、食生活にも共通性が多い。

湖沼岸に群生するガマやハス

池沼や水田で飛び跳ねる現地のトノサマガエル

里山の景観。昭和30年代までの日本の里山といっても過言ではないほどよく似ている

土手に咲くヒガンバナ

渡来人を連れ日本列島を目指した「徐福」出航伝説の地

―青島、膠南市郊外

竃では刈草を焚き付けに薪柴で煮炊き、その熱を冬の暖房に、残った灰は肥料に。牛は耕耘、荷役に加え牛糞堆肥を生産し、人糞尿も発酵させて下肥とし畑に循環する。里山と田畑の境の墳墓は土葬で人体の栄養分が重力水に溶け込み立木や作物に循環し現世を支える。

⬆屋敷周りで保存される刈草

⬆里山と田畑の境にある土葬の墳墓群

➡屋敷周りで飼育される牛。牛糞は田畑の堆肥となり循環する

➡竃で煮炊きした温熱は寝台の下を通って暖房に再利用

⬆天秤棒で肥桶を担ぎ畑に下肥を撒く農夫

遼東半島
―大連市郊外の里地里山

徹底循環型の里地里山生活と動植物の多くは、長江流域から遼東半島へと連続していた。薪柴を得るため萌芽更新させクヌギを仕立てる雑木林。ジャポニカ米を作り畦には畦豆を植える。里川で採る雑魚は貴重なタンパク源であった。

⬆日本と同様、2〜3本立ちに仕立てるクヌギの雑木林

⬆投網で雑魚を採る里人。この漁法もこの地から伝来ものなのか ！

⬆畦豆栽培の習慣も漢中から武漢、それに山東省、そして大連にも連続

対馬を挟んで日本列島に向かい合う韓国最南端
―麗水市郊外

棚田が広がり、里山は薪柴に雑木を刈取るチョウセンアカマツ林である。動植物も近縁でほぼ日本と共通。食材もご飯に太巻き、うどん、沢庵漬け、同種魚介の刺身等々、共通性が強い。里地里山文化は朝鮮半島先端に連続し、対馬海峡を越え日本につながっていた。

⬅石積みで山裾に連続する棚田

⬆簡易食堂にある常食の太巻きや沢庵漬け

⬇雑木を刈取り育成されたチョウセンアカマツ林。麓には墳墓、畑、水田が連続する

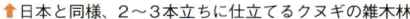

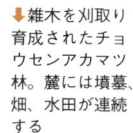

はじめに

里地里山の大切さと保全が叫ばれて久しい。土曜日、日曜日ともなると多くのハイカーが里山をめぐる。また、各地の市民団体や自治体が、里山づくりや里山の保全活動を実践している。里道や雑木林の下刈りを行い、自然観察や飯ごう炊さん、刈取った蔓を使ったリースづくり等々、里山で環境学習や食育活動を繰り広げている。里地里山の保全活動を実践する市民団体は無数といって良いほどである。東京都練馬区の「清水山いこいの森」や町田市の「かたかごの森」、新潟県長岡市の「雪国植物園」などのように、市民参加で貴重な野生草花や里山の生態系を保全する活動を続けるところも数多い。また、政府も各地方に広大な里地里山を入手し国営公園の整備を進めている。国営越後丘陵公園、備北丘陵公園、讃岐まんのう公園（国土交通省）などのように、市民参画で里山の貴重な自然環境を保全し、実際に農家や田畑、雑木林、小川を蘇らせ、里地里山の暮らしや文化を五感で学び伝えるエリアを設定しているほどである。

また、「里地里山保全再生モデル事業（環境省）」や「自然再生事業」等々も行われるようになった。兵庫県豊岡市では過去に失った里地里山を蘇らせ、ロシアから譲り受けた親をもとに絶滅したコウノトリの野生復帰に取り組んでいる。試験放鳥の最初は平成一七年九月であった。平成二〇年には一九頭が放たれ野生で九頭の子供達が巣立ち、豊岡市周辺や京都府、鳥取県などの空を舞っている。また、新潟県佐渡市の佐渡トキ保護センターでは、中国から借り受けた親で、やはり日本で野生絶滅したトキを増殖し、平成二〇年一〇月には一〇頭が野生に放たれた。さらに、昨今では文部科学省が高等教育を支援するため「里山修復プロジェクト」や「里山マイスター養成プログラム」などを採択するなど、市民だけではなく国や自治体が里地里山保全を目指すようになった。それだけ日本人とその将来にとって里地里山が大切なのである。

なぜ里地里山が大切なのか？　第1章、2章では、まず、里地里山が植生としてだけではなく、日本人の生活と共にどのように歩み続け、発展してきたのかということについて、その発祥の時代にまで遡る。これによって日本人にとっての里地里山と、その重要性を解き明かしたい。なぜなら里地里山から生み出された徹底循環型の生活と、これを支えた生態系が日本を含む東アジアの国々の発展と人口増加を支えてきたからである。里地里山は里ビトを育む「ゆりかご」であり、それを支える生態系はまさに「母親」の役目を果たしてきたともいえる。温室ガスの増加に伴う温暖化などの地球環境問題、食糧問題等々に対しても、かつての里地里山にあった徹底循環型の思想が、解決への糸口を導く。

さらに、この里地里山文化と生態系、これらが一体どこから日本列島に伝わってきたのか？　第3章では稲作や仏教を始め、日本に数々の文化を伝えた中国大陸と、これに続く朝鮮半島に、その発祥と伝来の証しを求めて現地調査を行いまとめた。中国、朝鮮半島の農村部奥深くに残る里地里山の生活と生態系の実態は、日本の昭和二〇〜三〇年代までの姿と驚くほど類似していた。それらには日本初公開のものも含まれる。

筆者は数年来里山の棚田を借り、昭和二〇年代までと同じように人力でイネを無農薬有機栽培している。その訳は里地里山の恵みを五感で感じ、健康を維持するためである。稲作りの先生は平成二〇年、八〇歳を越えた老夫婦で、五〜六反の田を耕作し毎日畑仕事を続け、すこぶる健康である。毎日、からだを動かし自分と家族で安全安心な食材を地産地消する。この営みが多様で密度の高い自然環境を育み、環境負荷の少ないサスティナブルなライフスタイルを形成していく。最終章では、これまでに述べた第1章から第3章を踏まえ、縄文時代からヒトと自然が共働して形成してきた里地里山文化は、照葉樹林文化論など、従前の各種文化論だけでは説明しきれず、これからのサスティナブルな持続的循環型社会を構想していくためには、最も規範になる基礎的文化であることを展開する。

『里地里山文化論』下巻「循環型社会の暮らしと生態系」では、このような見地から、昭和二〇～三〇年代の里地里山文化の実態を全国各地の古老からヒアリングしてまとめた。さらに、実際にヒトの手の入らなくなった荒れた里地里山に手を入れ、聞き書きのような植生や生態系が復元するかどうかを検証した。

各地で里地里山の保全活動に取り組む市民や行政の皆様はもちろんのこと、里地里山と循環型生活を守り、次代へ伝えて行く方々、さらには循環型社会を目指す方々には、ぜひご一読願いたい。

なお、わがままな筆者の調査に御協力いただいた上海、同済大学建筑城規学院規制設計研究院の高 崎先生、大韓民国全南大學校建築學科の金 炫兌先生、中国大連市の大連三和公司 于 黎特氏、イカリ環境事業グループ環境文化創造研究所 蘇 雲山氏、(株) ランズ計画研究所 川島 保氏、(株) 日建設計 登坂 誠氏、和歌山大学大学院修了生の孫 岩君、それに校正の手を煩わせた和歌山大学学生の村上達哉君ほか多数の方々には心から感謝する次第である。

養父　志乃夫

二〇〇九年五月

〈目次〉

凡例
●引用・参考文献は、該当箇所に（　）番号を記し、巻末に掲載した。
●用語の解説は、該当用語の右下に『注○』を記し、各章末に掲載した。
●方言には「　」を付けた。

本文レイアウト・髙坂　均

第1章

里地里山とは何か

（新潟県十日町市）

第1節　里地里山の概観

1 ─「里地里山」とは

今では、自然環境の代名詞として馴染みのある「里山」。この用語は、一体、いつ頃から使われ始めたのであろうか？　林学の大御所である四手井綱英氏の造語ではなさそうだ。(1)(2)古代からの里山での植物利用史を研究されてきた有岡利幸氏によると、一七五九年（宝暦九年）、名古屋、徳川藩の文書『木曾御材木方』に「村里家居近き山をさして里山と申し候」とあるのが最も古いのではないかという。(3)犬井正氏によると、その後は一九〇五年（明治三八年）、農商務省発行の『單寧《タンニン》材料及槲樹《カシワ》林』のなかで深山に対比させ、里に近い山や丘陵地に「里山」という用語を使用していることを紹介している。(4)

里地里山の保全に力を注ぐ環境省は、その紹介パンフレットのなかで「里山とは、奥山と都市の中間に位置し、集落とそれを取り巻く二次林、それらと混在する農地、ため池、草原等で構成される地域概念。さまざまな人間の働きかけを通じて環境が形成・維持されてきた」と説明している。(5)里地については、環境省は、一九九四年の第一次環境基本計画のなかで「里地自然地域とは、人口密度が比較的低く、森林率がそれほど高くない地域としてとらえられる。二次的自然が多く存在し、中大型獣の生息も多く確認される。この地域は、農林水産業など、様々な人間の働きかけを通じて環境が形成され、また、野生生物と人間とが様々な関わりを持ってきた地域で、ふるさとの風景の原型として想起されてきたという特性がある」と定義している。

筆者は、「里地里山」を次のように定義する。「水と空気、土、カヤ場や雑木林から屋敷、納屋、牛馬小屋、畑、果樹園、竹林、植林、溜池、小川、水田、土手、畦など、一連の環境要素が一つながりになった暮らしの場」である。[6] 海岸部や湖沼の近傍では、その一部に「里海」や「里湖」[注1]が加わる。

この暮らしの場は、ヒトだけのものではなく、多様な動植物の暮らしの場であり、食物連鎖を基軸とする生態系を育んできた。この生態系は、植物の生産活動を基盤に、これを摂食する生物、さらにこれらの生物を捕食する生物、さらにこれらを餌とする肉食の大型鳥獣が生活する。まさに生物同士の食う食われるという関係によって成り立っていた。だからこそ、オオカミやカワウソ、トキやコウノトリなどの肉食鳥獣が生息することができた。

筆者の定義は、筆者が幼少のころから体得した田園・丘陵部における生活と自然環境、また、全国一八箇所における里地里山の生活実態に関するヒアリング調査、それに続く過去三〇年におよぶ実証実験、さらには、その源とみられる中国から朝鮮半島農村部までの現地調査などの結果に基づいている。

2 ― 里地里山の暮らし

里地里山という用語からは、何か温もりのあるヒトの生活臭が感じられる。ここでは昭和二〇〜三〇年代までの農村部における生活から、里地里山での営みを紐解くことにする。

まず、ヒトは、雑木林から薪や炭などの燃料や建築材、それに田畑の肥料となる刈敷[注2]や堆肥の原料である落葉落枝を収穫した。雑木林は、ワラビやゼンマイ、ウド、ミツバなどの山菜、イカリソウ（強壮、強精）やリンドウ（健胃）、オオレン（健胃、整腸、消炎）などの薬草、アケビやヤマボウシ、ナツハゼなどの野生果実を育んだ。また、そこでは、樹種によって異なる材の性質を巧みに使いこなし、農具や生活雑貨などの材料として採取した。ホオノキからゲタを作り、シラカシの幹から鍬《くわ》や鋤《すき》の柄を作り、カマツカのしっかりした枝を使い、牛を曳く鼻輪や鎌の柄などを作った。竹林では、食用にタケノコを採り、竹は母屋や農具小屋などの建築材料、それに、刈取ったイネを掛け干しするハザ材として利用した。

雑木林は、関東地方ではクヌギやコナラなどの落葉広葉樹が中心である。関西では松枯れ被害を受けるまでアカマツ林が中心で、谷筋の湿った場所ではアベマキやコナラが優占した。その一部は植えられたものもある。これらの雑木林は、薪炭材の収穫のため一〇年から二〇年ごとに区画を決めて伐採され、萌芽更新[注3]で繰り返し再生産されていたため、近頃のように樹高が一〇～二〇mにも達することはなかった。このような施業が行われたため、里山には樹齢の違う雑木林が混在した。カヤ場[注4]に生えるススキなどの草本は、屋根を葺く材料として毎年秋に刈取られ、修理の時まで屋根裏や納屋で大切に保管された。毎秋、ススキを刈取る際には、オミナエシやリンドウ、キキョウ、チダケサシなど、生花や生薬になる植物を無意識のうちに刈残し、必要に応じ収穫した。

沢水や井戸水は飲料水や生活用水になった。生活排水は溜池や水田に流れ、栄養分の大半は作物に吸収され、残りはプランクトンを増殖させ養魚の餌になった。生活排水は、このように途中で再利用して浄化するため、川水を汚すことはなかった。徹底的に栄養分を循環させ、最後にはまた魚介類が食料となって生活に還元した。左右に里山が迫る谷戸田《やとだ》[注5]は、飛鳥の時代から、ヒトの命を養う米づくりの基盤であった。溜池や沢の水は小川を通って田畑を潤した。この水は一回切りの垂れ流しではない。棚田をめぐって幾度も幾度も徹底的に使い込み、蒸散やイネによる吸収、地下浸透分などを差し引いた最後の余剰が河川に流入した。畦は水を溜めたり、植え付けや手入れ、収穫作業に使う通路であり、土手は畦を支え農地を災害から守る擁壁であった。畦は年に四～五回も草刈りされ、刈取った草は牛馬の貴重な餌になった。谷戸田では左右の山の斜面に連続する幅五～一〇m前後の傾斜地を「裾刈場《すそかりば》」と呼ぶ。土手や裾刈場では、田畑への日照の確保や通路を維持するため、毎年、初夏や秋に刈取りや焼き払いが行われた。

刈取られた草は牛馬の餌になり、焼き払いされた草木灰は掻き集められ、田畑のカリ肥料になった。さらに屋敷脇の堆肥場をみると、雑木林から収穫した落葉落枝や台所から出た野菜の屑、牛馬の糞尿などとワラの混合物が積み上げられた。これらは腐植が進むと切り返しされ、堆肥になると水田や畑の元肥になった。さらにヒトが収穫物を食べて出す人糞尿は、発酵させ田畑の貴重な下肥《しもごえ》として循環した。下肥が自分の家だけで不足する場合には、市街地の民家などで発生する人糞尿を求めた。各家では、祝いなどの際に鶏肉を食べたり、鶏卵や鶏肉を販売して現金収入を得たりするため数羽のニワトリを飼育した。この鶏糞も畑の追肥として珍重された。

人糞尿も家畜の糞尿も、はらわたなどの生ゴミなどもすべて肥料に循環した。捨てるということがなかったため、川の水は汚れなかった。この川水で洗濯したり素麺を冷やしたり、野菜の泥を落としたりなど、川は生活空間の一部でもあった。また、燃えるものはすべて燃料になったのでゴミはなかった。有機物や二酸化炭素は、すべてヒトの暮らしと自然環境とのあいだを循環していたので、温暖化や水質汚濁などの環境問題も発生しなかった。

3 ─ 里地里山の生態系

このような里地里山の一連の環境のなかで、多様な動植物が巧みに寄り添って息づいてきた。燃料や堆肥の材料を得た雑木林、牛馬の餌や刈敷、屋根材を得たカヤ場や草刈り場には、シカやイノシシ、ノウサギなどが棲み、また、キジやヤマドリ、キジバトなど多様な生物が生息した。これらは、農作物を食害する悪者ではあったが、シシ垣を築き、天敵のオオカミやキツネの臭いで追い返すなど、ヒトは知恵を出し合ってこれを防ぎ、毎年、捕獲してはタンパク源とした。

谷戸田をみると、アカガエルやアマガエルの仲間、トノサマガエル、カスミサンショウウオ、アキアカネやナツアカネなどの赤トンボ、カトリヤンマ、シオカラトンボなどのトンボ類、いずれも谷戸田で卵から幼生（幼虫）期を過ごす生物である。アカトンボやカトリヤンマなどのトンボ類は、水田で卵～幼虫期を過ごし、初夏から夏に成虫へ羽化すると、雑木林の林縁から林内、樹冠へと移動し小昆虫を食べて成熟し、秋になると再び産卵のために水田に戻る。また、ニホンアマガエルは、変態後、畦にあがり、裾刈場のススキやチガヤ、低木類の葉上に移動してガやアブなどの小昆虫を食べ、成長しながら次第に林内へ入り込んでいく。成長した親ガエルは産卵時期になると再び谷戸田に戻ってくる。

土手、裾刈場では、ヒトが毎年ほぼ決まった時期に実施する刈払いや焼き払いが、各種の野生草花の増殖を促し、キキョウ、オミナエシ、ノアザミ、ヒガンバナなど野生草花の宝庫をつくりだした。自宅の切花を得るために刈残された土手のオミナエシやノアザミは、大きな株に成長した。秋の彼岸の畦にヒガンバナ（マンジュシャゲ）が美しく咲き乱れるのも初秋（稲刈り前）の刈払いのおかげである。畦や土手は、水域である水田から陸に移動したトノサマガエルやアマガエルの生活場所である。陸に上がったばかりの子ガエルは、草丈の低い畦の草間で餌を採り、成長した親ガエルはやや茂った草間で餌を採る。畦や土手の草丈や茂り方の違いによりうまくすみ分けていた。年一～二回実施する刈払いや野焼きによって維持されたススキやチガヤの土手は、キジやホオジロなど鳥類の営巣場所となり、キリギリスやスズムシなど鳴く虫の棲みかとなった。

さらに、農家の脇の堆肥場には雌のカブトムシが産卵に飛来し、孵化した幼虫は、落葉などを食べて糞を出し、腐熟を促した。この堆肥場で卵から蛹まで成長したカブトムシは、成虫になると雑木林に戻り、夜から朝方、クヌギやコナラの幹からしみ出る樹液を餌とし、立木の根元の掻き残された落葉にもぐって昼を過ごした。

沢や小川には、ドジョウやメダカ、ナマズが棲み、産卵のために水田に行き来した。春の日差しを受けて水温が上がり、元肥の堆肥で栄養分を含んだ谷戸田の水は、植物性のプランクトンを育み、ミジンコなどの動物性プランクトンを増殖させた。孵化したドジョウやナマズの稚魚は、水を張った水田でプランクトンやアカトンボの幼虫（ヤゴ）など、小型の水生生物を食べて成長し、水を落とす土用干し[注6]までのあいだに小川へ下っていく。小川と水田を行き来するこれらの魚やウグイやアユ、ウナギ、モクズガニなどの魚介類は、ヒトのタンパク源としても珍重された。流れではハグロトンボやゲンジボタルの幼虫が生活し、成虫に羽化したハグロトンボは、雑木林の林縁などで餌をとった。ゲンジボタルも流れ岸の林縁を飛び交い初夏の夜を彩った。また、全国のどこの水田や小川でも湧くようにこのような生きものが発生し、一日に五〇〇gもの餌を食べるコウノトリやトキを育むことができた。

これらの光景は、今、四〇～五〇歳以上の日本人の脳裏に深く刻み込まれている。里地里山を構成する環境は、すべて、人の暮らしによる営みと自然環境との相互連環によって営々とつくりあげられたものである。ヒトは、そこで無駄のない循環型の生活を営み、永きにわたり世代を継承し、多様性に富む生態系を育んできた。まさに環境負荷を最小限にした暮らしであった。

第2節　里地里山と奥山との関係

里地は日々の生活を営む集落や農耕地、そしてその近傍の竹林や果樹園などの生活・生産林で構成されている。この里地から里山、里山から奥山へとつながる。田口洋美氏の新潟県朝日村三面における聞き書き調査によると、集落から歩いて一時間以上離れた山が奥山、それよりも手前の山が里山と大まかに区別されていたという[7]。

奥山は鳥獣を狩猟しキノコや木の実の採集する場で、日々は近づかない。里山では、植林地や薪炭林、カヤ場、採草地、焼畑、自生のクリやオニグルミなど、補助食料を稔らせる野生植物の育成場が混在した。いわば、燃料の薪炭や屋根に葺くカヤ、建材、牛馬の飼い葉[注7]などを育てる半栽培の「畑」であった。里山は奥山に比べ日常生活とのつながりが深く、ツキノワグマなどの大型獣とヒトとのトラブルを避ける緩衝地

図1
昭和20～30年代までの
里地里山（原図：井江栄）
田畑や屋敷のうしろ側に里山が連続する。その背後に奥山が広がる。冬にシカやクマなどの獣を追うとき以外は近づくなかれと教えられてきた。6月上旬、屋敷には旧暦の節句で鯉のぼりが泳ぐ。母屋横の牛舎脇に牛糞や落葉落枝を腐熟させる堆肥場がある。そのなかではカブトムシの幼虫や蛹がどっさりいる。7月に入ると成虫になり、雑木林に向かう。水田では、裏作のコムギ、オオムギが収穫時である。田植えを控え、ムギを収穫する準備が進められる。水田では牛耕で代掻きをする農夫や手植えで田植えする早乙女達がいる。もちろん、水田の元肥は裾狩り場の草を刈取った刈敷や牛糞堆肥である。
里山の尾根部にはアカマツが育成され、斜面の雑木は薪炭材を得るため萌芽更新される。山裾の谷あいから煙があがる。炭を焼いているのである。上空には水田のカエルやヘビを狙って、タカの一種、サシバが舞う。里山のマツ林に作られた巣には雛が孵っているのであろう。片方にはノスリが舞う。こちらは畑のモグラやネズミを狙う。小川では田植えを抜け出した子供達が雑魚採りに興じている。サシバやノスリの眼にはこの子達の姿も田畑に溶け込んで写っている。

奥山
雑木林
ノスリ
炭焼き
杉林
サシバ
カヤ場
松林
溜池
萌芽更新した
雑木林
土手堤
天水田
小屋
裾刈り場
谷戸の田んぼ
水
路
はざ木
神社
栗林
堆肥場
竹林
苗代
畑
田植え
裏作麦
牛耕
小川
定規による
田植え

帯でもあった。人々の生活は、これらの空間で春夏秋冬働き続けることで成立し、長きにわたる世代を養うことができた。

里山では農耕地の田畑のように手間をかけるのではなく、有用な植物の周囲の下草を刈取ったり、幼木には添え木[注8]をしたり雪起こし[注9]をしたりなど、他の野生植物に駆逐されない程度の手助けをするほかは、自然の力で育てた。定期的に伐採し燃料を得る薪炭林は、天然更新[注10]や切り株からの萌芽更新で再生させた。下草を飼い葉や焚き付け[注11]にするために刈取ることによって、再生途中の雑木やマツが育成できた。もちろん屋敷の立て替えや補修に使うマツやスギなども、飛散種子が発芽、成長した自生個体を刈り残して育成した。特に甲信越や東北地方では、林縁や薪炭林に自生するクリやクルミ類の若木を切残し、周囲の下草を刈取り、まさに半栽培状態で実を採取できる成木に仕立てた。

農耕地は長い年月をかけ自然地形を開墾し、作物を作るために二次的な自然環境として育成した土地である。集落では里山や奥山から採集した収穫物や農耕地の収穫物を集め、自給的循環的な生活を続けるために、食料となるものは加工、保存し、樹木類は生活用具、農具などに加工、利用した。また、作物や燃料、ゼンマイやワラビなど山菜等の余剰は、商品として仲買などを通し市街地に出荷した。人々は環境容量[注12]の範囲で暮らし、自然環境を無駄なく、循環的に育成管理することにより共存してきた。もちろんより多くの生産物を得て暮らしを向上させたいという欲望にまかせると、自然環境からの過剰な搾取をもたらし、これが常態化すると、里山の再生力が途絶え暮らしも破壊されてしまう。人々はこのことを知っていたので、欲望を抑えるさまざまな戒律を自らに課してきた。だからこそ、縄文時代から、長きに及ぶ里地里山の暮らしが営々と続いてきたのである。

日本の里地里山の暮らしの詳細は、全国一八箇所における里地里山の生活実態に関するヒアリング調査をまとめた下巻に譲るが、本巻では、この里地里山の生活と生態系は如何に形成されてきたのか、これまで学問分野ごとに縦割りで研究されてきた成果を縦横に学際的につなぎ直し、里地里山の形成史について一八〜一三万年前のリス氷期まで遡って検証したい。

注1　**里海・里湖**　海岸から近い海（里海）や湖沼（里湖）は、食料や肥料としての魚介類の採取場であっただけでなく、そこには里山・里地・里川を通して栄養分を含んだ水が流れ込み、プランクトンや藻類が増え魚介類を育み、さらに藻は肥料として採取して田畑に還元された。魚介類の生息地としての藻場と水質や沿岸の生態系を維持する循環システムがあった。

注2　**刈敷**《かりしき》　肥料として毎年水田に敷き込む樹木の若葉の付いた枝や草本のこと。カチキ、カッチキとも呼ぶ。弥生時代後期の遺跡や奈良、平安時代の文書に使用の形跡や記録がある。

注3　**萌芽更新**《ほうがこうしん》　樹木は刈込みや剪定、伐採すると、切口付近から新芽を発生させる（萌芽）。この性質を活かして、伐採した切り株から出た萌芽を育て、林を更新させることをいう。薪炭林（雑木林）の多くは、薪炭を採取するために伐採し、この方法によって繰り返し更新されてきた林である。

注4　**カヤ場（茅場、萱場）**　茅葺き屋根の材料や家畜の餌、畜舎の床に敷く草を得るため定期的に刈取りや火入れが継続される草地である。ススキが優占しキキョウやオミナエシ、アザミ類などの野生草花が混生することが多い。

注5　**谷戸田**《やとだ》　三方を里山に囲まれた谷間の低地を谷戸、谷津《やつ》と呼び、ここに開いた田を谷戸田、谷津田という。

注6　**土用干し（中干し）**　六月下旬〜七月頃、本田の水を排水し田面にヒビが入るまで耕土を干すこと。近年、田植機で小さな苗を密植するようになったため、水を溜め続けると茎の過剰分げつで倒伏し、根腐れが発生しやすくなる。さらに、重量あるコンバインで収穫するので、事前に耕土を乾かし固めておくために行う。

注7　**飼い葉**　牛や馬の餌にする干し草やワラ。米糠やムギ、豆などを混ぜることもある。

注8　**添え木**　幼木を倒伏させずに育成するため、幹のそばに添え立てる支柱をいう。周囲の草刈り時には刈残す際の目印にもなる。

注9　**雪起こし**　雪圧によって倒伏した幼木をもとの状態に立て起こし、縄などで固定する作業をいう。展葉すると幹が肥大成長し、もとの形状に回復しなくなるため雪解け後直ちに行う必要がある。

注10　**天然更新**《てんねんこうしん》　植物の繁殖力や再生力を利用し後継の樹林を育成する手法をいう。この場合、種子が林地で発芽し稚樹の成長によって樹林を再生させるものを天然下種更新《かしゅこうしん》、切り株や根、地下茎などからの萌芽によって再生させるものを萌芽更新と呼ぶ。

注11　**焚き付け**　薪に火をおこす際、燃えやすい点火材として使うもの。里山から採取されるものには油分を含むマツやスギの落葉落枝などがある。

注12　**環境容量（環境収容力）**　ある環境条件下で特定の種が維持しうる最大の個体数。天敵や災害などの影響により環境容量以下の個体数に調節される。

第2章

「里地里山文化」形成史

昭和33年埼玉県両神村（撮影　武藤盈）

第1節　リス氷期と最終氷期―生態系の基層形成―

1　日本列島と大陸との関係

地球が誕生して約四六億年、地球の表面では幾度も気候や地殻が変動し、生物の分布や移動、進化に大きな影響を与えてきた。近年、環境考古学における放射性炭素C14による年代測定法や花粉分析法が進歩し、花粉や大型動植物遺体、人工遺物等の発掘箇所数、サンプル数の増加によって古環境の解明が格段に進んだ。

日本列島は二億年前の中生代、本州地向斜海と呼ぶ海域が隆起し陸化したことに始まる。中新世中後期には、本土は南西諸島、中国大陸南部とも接続し、およそ八〇〇万年前までアジア大陸の一部であった。(8) その後、約二〇〇万年前に独立した島国となり、地質年代で「更新世注1」と呼ぶ一八〇〜一六〇万年前から一万二〇〇〇年前までの期間に六〜七回の氷期が訪れた（図2）。

一八〜一三万年前のリス氷期の時代には、氷河の拡大によって海が大きく後退し、海水面が一三〇mほど低下した。(9)(10) 大陸と日本列島とのつながり方は、現在の生物相や生態系の形成に大きく影響した。これまでの環境考古学における研究から、最大水深が約一四〇mある対馬海峡と津軽海峡の両方に陸橋が存在したのは、更新世中期にあたるこのリス氷期の時代までという説が有力である。当時は本州と四国、九州とがつながり、北海道はサハリン、カムチャッカ半島を通し大陸と陸続きであった。北海道の渡島半島と本州の津軽半島に加え、九州と中国大陸がつながっていた。(8)

図2　地質年代における氷期の動態と歴史年代

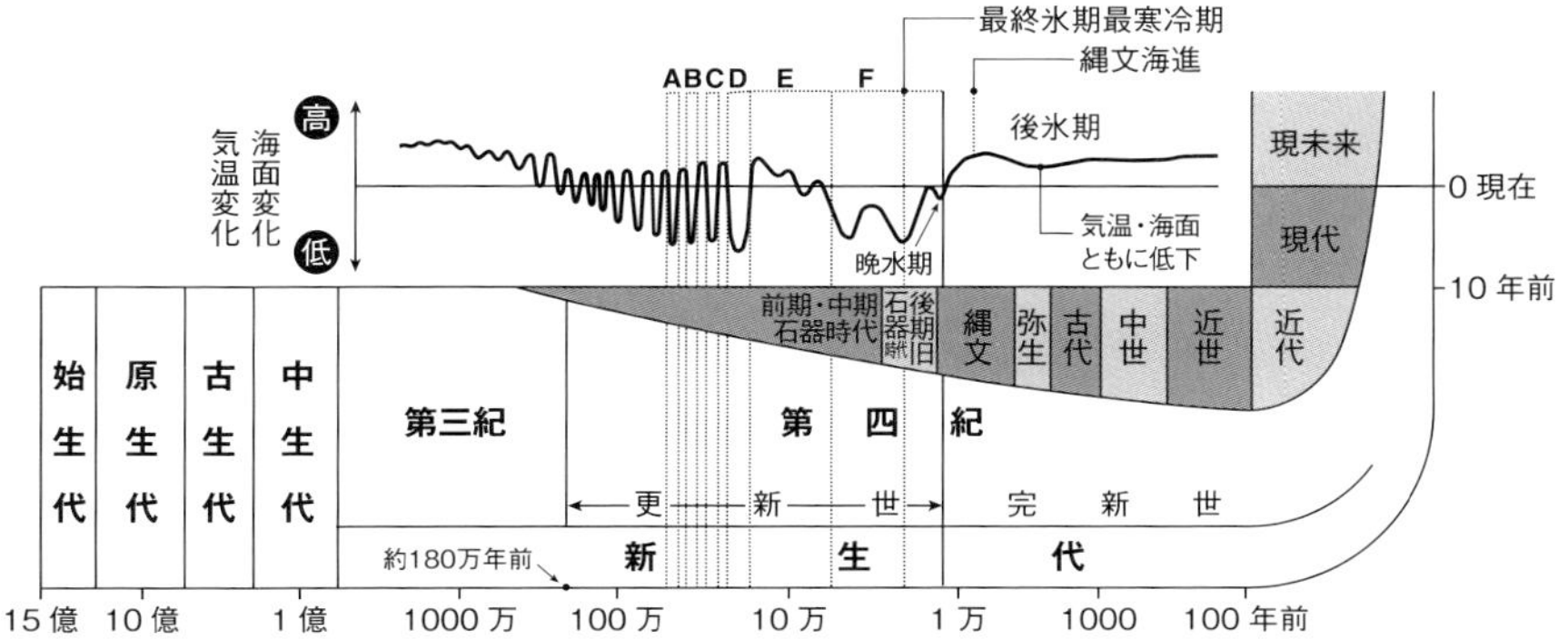

A ドナウ氷期（55〜54万年前）　**B** ギュンツ氷期（47〜33万年前）　**C** ミンデル氷期（30〜23万年前）
D リス氷期（18〜13万年前）　**E** 間氷期（13〜7万年前）　**F** 最終氷期（ウルム氷期）（7〜1万2000年前）

グレー部分は人類活動の拡大、上段の波動線は過去の気温と海面の変化を指す。貝塚爽平（1987）「将来予測と第四紀研究」、日本第四紀学会編『百年千年万年後の日本の自然と人類』（古今書院）から編集引用

リス氷期以後の気温が上昇した間氷期注2には海水面が上昇し再び分断されたが、七〜一万二〇〇〇年前の最終氷期注3（ウルム氷期）、なかでも二〜一万八〇〇〇年前の最寒冷期に、再び海が後退し海面が低下した。この時代の平均気温は現在より七〜八℃も低く、東京は札幌、札幌はサハリン中部と同程度の気温で、後期旧石器時代の繁栄期であった。[11]

この最終氷期における海面低下の深度は八〇mから一四〇mまで[9][11][12]と諸説あるが、この時代に、本州と四国、九州とが接続した。[13]サハリンと大陸のとのあいだの間宮海峡の水深は一〇m以下であり、サハリンと北海道との間にある宗谷海峡も水深七〇m以下と浅いため、北海道は大陸の一部になった（図3）。

しかし、この最終氷期には対馬海峡と津軽海峡には陸橋ができず、本州と北海道、朝鮮半島と九州は分断されていた可能性がある。ただ冬季に入ると厳冬の津軽海峡には海面の低下と海水の氷結によって大陸棚の上に馬の背状の氷橋ができ、北海道と本州とがつながった。道北から沿海州一帯の日本海も凍結し接続面積が増加した。[11]渡島と津軽半島の距離は最短で二〇㎞に過ぎないため、大型動物が氷橋を渡り行き来していた。[8]このことは、あとに述べるように本州に渡ったヒグマの化石が発見されたことや、ニホンジカのＤＮＡ解析の結果からも裏付けられている。

この最終氷期時代、海面が最大で一四〇ｍ低下した場合は、対馬海峡の最深部は一四〇ｍ前後なので、対馬と朝鮮半島は、現在の巨済島付近を向かい合わせに完全につながる。もちろん対馬と九州本土もつながる。海上保安庁による現在の航海図をもとに、仮に一二〇ｍ低下した場合を推定すると、対馬と九州はつながり、対馬と朝鮮半島との距離はわずか二〇㎞ほどに縮まる。最も浅い対馬下島にある豆酘埼と朝鮮半島対岸とのあいだには、水深五〜六ｍほどの浅瀬になる部分ができあがる[14]（図4）。仮に八〇ｍという最小規模の海面低下であっても、対馬から朝鮮半島までの距離が二〇〜三〇㎞に短縮される。この場合、壱岐と九州本土とが接続し、壱岐と対馬の距離も二〇㎞前後に縮まる。最深部の深さも六〇ｍまで浅化する[12]。さらに東シナ海は、男女盆海により本土と未接続になるが、海面の低下によって中国側の約三分の二の面積が陸化する[12][15]（図5）。陸化した汀線には、浅瀬や干潟が形成された。

これらのことは、移動する動植物が、大陸から列島に渡れる可能性が現在よりもはるかに高かったことを示している。最終氷期には、これらのあいだを動植物は自力で泳いだり、浮遊したり、浮遊物につかまって移動し、ヒトも泳いだり舟に乗って、日本列島に渡った可能性が高い。リス氷期と最終氷期、この時代までに、今日の生態系の骨格を構成する動植物が日本列島に渡り定着した。

2　植生、植物相の動態

最終氷期の植生

約二万年前、最終氷期最寒冷期、多くのヒトが大陸から日本列島に移住し、後期旧石器時代を繁栄させた。

図3　最終氷期の日本列島と大陸との関係及び、冬季氷結域と気候区界

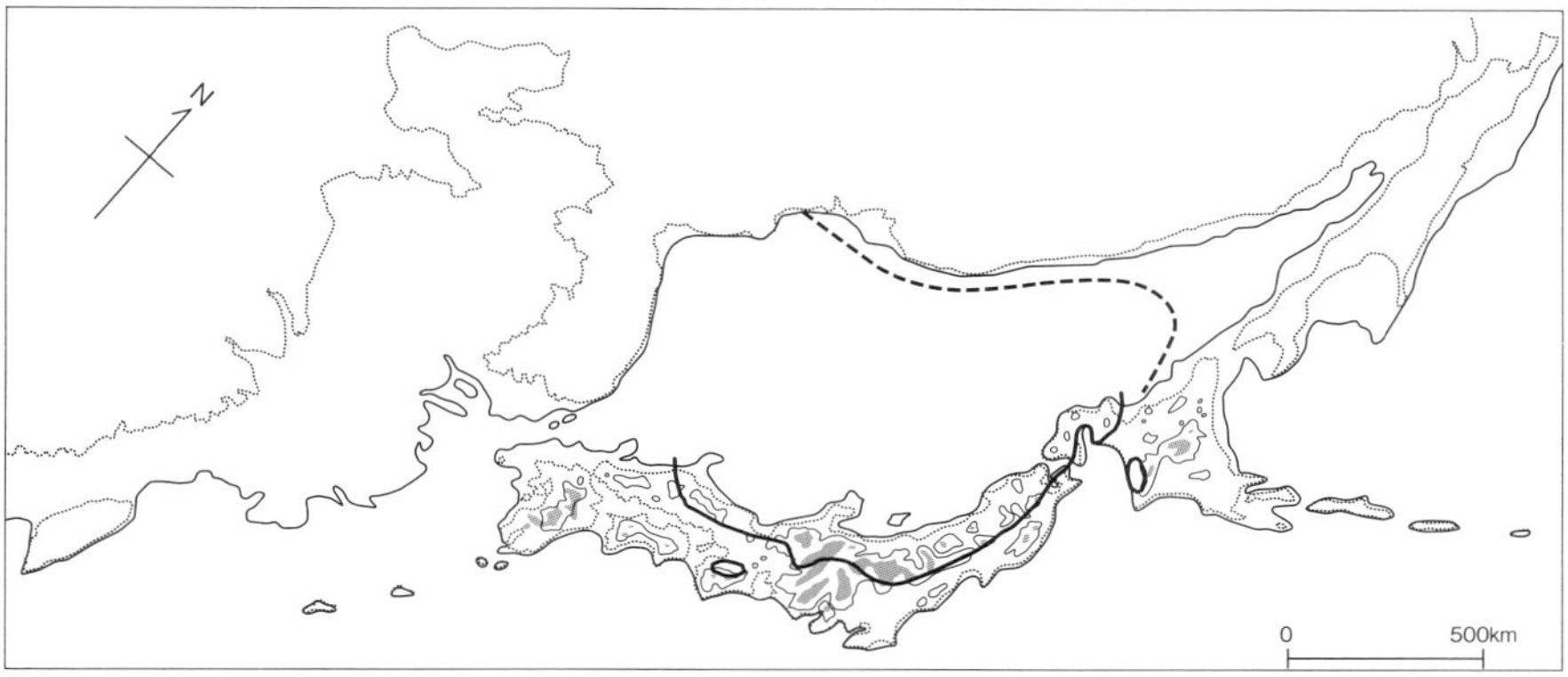

太線：気候区界　細線：海面低下100ｍとした旧汀線　破線：冬季結氷限界
薄アミの部分は、現在高度1,000ｍ以上、その外側は現在500ｍの等高線を示す

鈴木秀夫『氷河期の気候』(古今書院) から引用

図5　最終氷期最盛期（20,000～18,000年前）の東シナ海の古地理と古植生

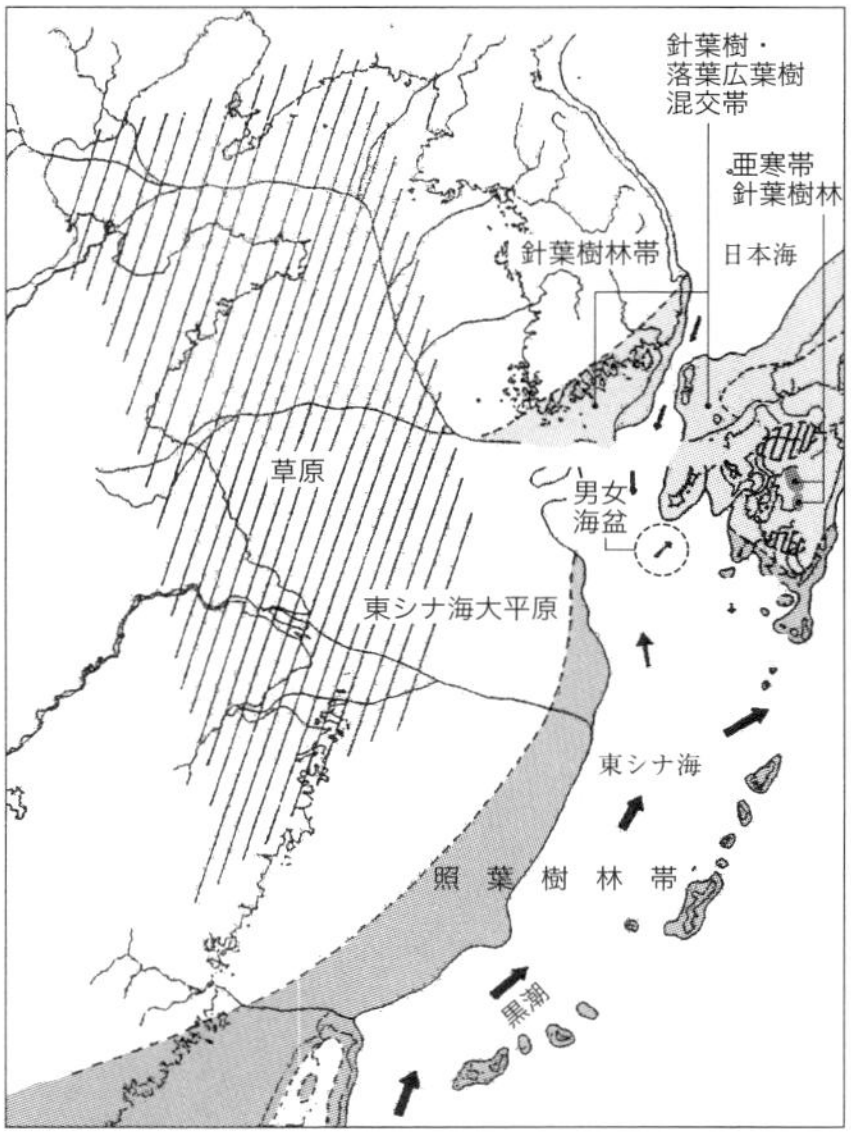

※原本：松岡數充「東シナ海沿岸の環境変遷」安田喜憲・松岡數充編『日本文化と民族移動』(思文閣) から引用
※植生：安田喜憲「「東亜稲作半月弧」と「西亜麦作半月弧」」季刊考古学第56号（雄山閣）掲載図から補足

図4　最終氷期最盛期の海面低下が120mだった場合の朝鮮半島と対馬諸島、九州との位置関係

海上保安庁（2007）航海図『朝鮮半島南岸及び付近』をもとに推定

この頃、日本列島を覆った植生は、安田喜憲氏をはじめとする数多くの環境考古学者の努力によって、現在と大きく異なることが解明されてきた。これらを概観すると、当時、九州南部を含む西日本から関東、北陸地方は針葉樹と落葉広葉樹の混合林、中部山岳や東北地方は亜寒帯針葉樹林、北海道は森林ツンドラや亜寒帯針葉樹林であった（図6）。東京都の高井戸東遺跡、小平市鈴木遺跡、尾崎遺跡の花粉分析によると、当時、関東地方の山地や丘陵には亜寒帯針葉樹林が茂り、平野にはヨモギ属、イネ科、キク科、カヤツリグサ科などが混生する草原が広がり、ハシバミ属の低木林、スギ属、マツ属、コナラ亜属の森が混在する植生であった(11)。

温暖化を伴う一万五千年前の晩氷期に入っても、九州を含む西日本、関東、北陸地方一帯は概ね冷温帯落葉広葉樹林であった。東北地方に冷温帯落葉広葉樹林が進出を始め、照葉樹林が九州、四国、紀伊半島南端に、暖温帯落葉広葉樹林が北九州、瀬戸内沿岸に達した（図7）。日本列島ではカバノキ属、ハシバミ属、ブナ属、コナラ亜属、ニレ属などの落葉広葉樹林が拡大し草原が減少した。これによってナウマンゾウやオオツノジカなど、大陸から移り住んだ大型草食獣の餌場が大きく縮小した。晩氷期には気温上昇によって氷河が融け、海水面が上昇した。シベリアから日本列島に向け冬季に吹く冷たい西風は、暖かい日本海の水蒸気を取り込み、本州の中央山地にぶつかって上昇し雪を降らせた。晩氷期に入ると、日本海の拡大と気温と水温の上昇に伴い積雪量が増加した。ナウマンゾウなどの大型草食獣が絶滅したのは、旧石器時代人の人口増による乱獲の影響と、冬季の積雪増によって餌の確保が困難になったことも一因といわれる。ヒトの食料に関して言えば、大型獣の絶滅によって、ブナやナラなどの落葉広葉樹林の木の実など、植物性食物に対する重要性が高まった。このような背景のなかで、木の実を集め、灰汁《あく》抜きなどの加工や、保存のために土器作りを受容した可能性があるという。土器文化は落葉広葉樹林と密接に関係し、中国、朝鮮半島に端を発する文化と考えられている。

図6　最終氷期最盛期の東アジアの植生分布と稲作を伴う初期農耕遺跡

安田喜憲「「東亜稲作半月弧」と「西亜麦作半月弧」」季刊考古学第56号（雄山閣）から引用

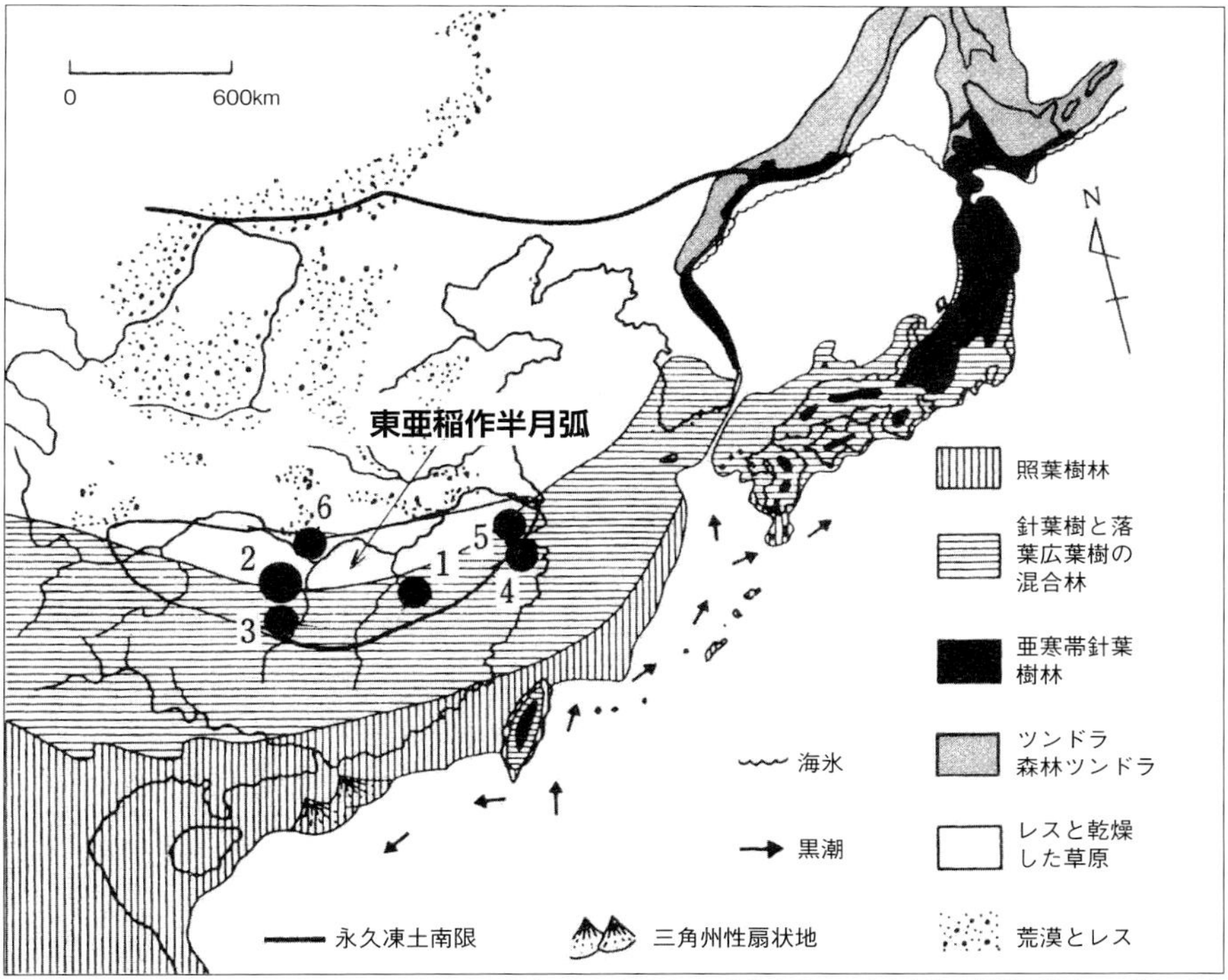

1 江西省万年県仙人洞遺跡・吊桶環遺跡、2 湖南省澧県彭頭山遺跡・八十垱遺跡、3 湖南省道県蝦蟆洞遺跡、4 浙江省余姚県河姆渡遺跡、5 浙江省嘉興県羅家角遺跡と良渚文化地域、6 湖北省屈家嶺文化地域

図7　晩氷期の日本列島の植生図と古地理

安田喜憲『環境考古学事始-日本列島2万年の自然環境史』（洋泉社）から引用

コナラ林とアカマツ林とその構成種―最終氷期の残存種―

日本の里山には、現在、コナラやミズナラ、アカマツ林などが優占する。これらの林は、今の気候条件では原生林が破壊されたあとに成立する二次林である。凸部など、土壌が劣悪で乾燥した環境にはアカマツ林、土壌が深く湿潤な立地にはコナラ林やミズナラ林などの落葉広葉樹林が成立する。しかし、伐採頻度が許容量を超えると、土壌が痩せ、これらの落葉広葉樹林は、次第にアカマツ林や草原などに置き代わる。現在、関東地方以西の低山帯における極相[注4]は照葉樹林であり、二次林であるコナラ林やアカマツ林はその途中相である。

このような現在の二次林は、朝鮮半島や遼寧省など、今も中国東北部の極相林であるナラ類中心の落葉広葉樹林と相観[注5]、構成種ともに共通点が多い。環境考古学における数多くの研究から、最終氷期までに落葉広葉樹林と、その構成種が先に日本列島に分布を広げ、そのあとに照葉樹林と構成種が分布を広げたことが判明している[(11)(16)]。このため、アカマツ林やナラ林などの落葉広葉樹林と照葉樹林とは、もともと同じ遷移[注4]の系列上にはなかった。中国東北部だけではなく日本の里山における二次林やその林縁、それに伐採跡初期などに定着する先駆種を構成する植物種は、朝鮮半島及び中国中部のものとも共通性が高い（表1）。現在、里山に優占する二次林は、当時の極相林の残存型であり、構成種は最終氷期までの寒冷で乾燥した氷期に、大陸から渡来した種群、または、その後に分化した種群から構成される[(17)]。照葉樹林の代表格であるシイやカシ林では、高木層から草本層まで各階層の構成種が、中国南部から東南アジア地域に分布する種と同一種、または近縁種である。これらの種群の多くは、晩氷期以降、本格的な温暖化を伴う約六〇〇〇年前以後、新たに日本列島へ進出した後進の植物種と考えられている[(17)]。

表1　里地里山の雑木林における中国・朝鮮半島と日本列島の共通・近縁植物種

1 雑木林	［高木層］	アカマツ近縁種、コナラ★と近縁種、クリ★★と近縁種、クヌギ、ミズナラ近縁種のモンゴリナラ、アベマキ、ナラガシワ、カシワ、イヌシデ、アカシデ★、ムクノキ、エノキ、ケヤキ、ムクロジなど
	［亜高木層］	イヌザクラ◆、エドヒガン、ヤマザクラ近縁種、ザイフリボク、アズキナシ、ヤマナシ、ニガキ、イロハモミジ、エゾイタヤ、ソヨゴ、アオハダ、ハリギリなど
	［低木層］	ヒメコウゾ、イヌビワ◆、ヤマコウバシ、ダンコウバイ、アケビ、ミツバアケビ、ノリウツギ、ココメウツギ、ヒサカキ★★、ヤマブキ、コクサギ、イヌザンショウ、サンショウ★★と近縁種、カマツカ、イヌツゲ★★、ニシキギ、マユミ★★、ツリバナ、ゴンズイ、イソノキ、ネコノチチ★★、キガンピ★★、ヤマボウシ★と近縁種、アクシバ◆、リョウブ◆、アセビ、ネジキ、シャシャンボ、ナツハゼ、ヤブコウジ、エゴノキ、ハクウンボク、サワフタギ、イボタノキ★、マルバアオダモ★、ヤブムラサキ★、ムラサキシキブなど
	［草本層］	ジャノヒゲ、ヤマホトトギス、ショウジョウバカマ★、キバナノアマナ、ギョウジャニンニク、カタクリ、アマナ、キチジョウソウ、オモト、アマドコロ、ナルコユリ、ワニグチソウ、ホウチャクソウ、チゴユリ、オオチゴユリ、ユキザサ、キツネノカミソリ、シオデ、タチシオデ、マムシグサ、クマガイソウ、トンボソウ、キンラン、ササバギンラン、ギンラン★、キエビネ◆、エビネ◆、ナツエビネ★★★、シュンラン、ニリンソウ、フクジュソウ、ヒトリシズカ、カンアオイ近縁種、ヤマエンゴサク、ジロボウエンゴサク、ダイコンソウ、フジカンゾウ、ミズタマソウ、ウシタキソウ、ウマノミツバ、ヤブニンジン、イチヤクソウ、ウメガサソウ、ギンリョウソウ、ツルリンドウ、ツルアリドウシ◆、クチナシグサ（中国中部)、ツルニンジン、バアソブ、ヤブレガサ◆、コウヤボウキ、センボンヤリなど
2 先駆種及び林縁の構成種	［木本］	ノイバラ★、テリハノイバラ、クマイチゴ、クサイチゴ、ナワシロイチゴ、ネムノキ、ジャケツイバラ、フジ近縁種、コバンノキ、アブラギリ、アカメガシワ、カラスザンショウ、タマミズキ、ツルウメモドキ、ツタウルシ、エビヅル★、ツタ、ヤマウルシ、ヤマハゼ、ツルグミ、イイギリ、クマノミズキ、ミズキ、タラノキ、ヤマウコギ近縁種、クサギ、ニワトコ★★、スイカズラ、ヤダケ★★など
	［草本］	サルトリイバラ、ヤマカシュウ、ヤマノイモ、カエデドコロ、タチドコロ、カナムグラ、アオミズ、ミズ、アカソ、コアカソ、メヤブマオ、ヤブマオ、ミズヒキ、カザグルマ、ボタンヅル、センニンソウ、アオツヅラフジ、ウマノスズクサ、ムラサキケマン、ヤブヘビイチゴ、ホドイモ、ヤブマメ、ツリフネソウ、ヤブガラシ、カラスウリ、キカラスウリ近縁種、アマチャヅル、ミツバ、ハシカグサ、ニガクサ★、タツナミソウ、ヒキオコシ、ヤマハッカ、アキノタムラソウ、イヌコウジュ、オドリコソウ、ヒヨドリジョウゴ、ハグロソウ★★（中国中部)、ハエドクソウ、ノブキ、サジガンクビソウ◆、ヤマニガナ近縁種、ヘクソカズラ、アカネなど

※上原敬二『樹木大図説Ⅰ、Ⅱ、Ⅲ』、佐竹義輔ほか『日本の野生植物 木本Ⅰ、Ⅱ』、『日本の野生植物Ⅰ、Ⅱ、Ⅲ』(平凡社）及び、筆者の遼寧省大連、山東省膠南市、武漢市、陝西省洋県郊外山林での現地確認をもとに作成
※無印：朝鮮半島と中国との共通種、★：朝鮮半島との共通種、★★：朝鮮半島南部との共通種、★★★：朝鮮半島南部及び中国との共通種。◆：済州島との共通種

表2　草原・湿地における中国・朝鮮半島と日本列島の主な共通・近縁植物種

1 草原	ススキ、ノカンゾウ、クルマユリ、ツルボ、スズラン、アヤメ、ヒオウギ、オオアブラススキ、オギ、カナビキソウ、イタドリ、ミミナグサ、カワラナデシコ、サラシナショウマ、オキナグサ、ウマノアシガタ、ヒメウズ★★★、ノカラマツ★★★、アキカラマツ、オトギリソウ★、ミツバツチグリ、キジムシロ、ツチグリ、ワレモコウ、キンミズヒキ、コマツナギ、タヌキマメ、オオバクサフジ、ナンテンハギ、ヌスビトハギ、マルバハギ、ヤマハギ、クララ、ネコハギ、タンキリマメ、ツルフジバカマ、オオバクサフジ、ゲンノショウコ★、マツバニンジン、タカトウダイ、ヒメハギ、スミレやヒメスミレなどスミレ類、ウド、ミシマサイコ★と近縁種、ノダケ、オカトラノオ、フデリンドウ、ハルリンドウ、コケリンドウ、リンドウ近縁種、センブリ、ガガイモ、イケマ、コイケマ、スズサイコ、カワラサイコ、カワラボウフウ、カワラマツバ、コカモメヅル、ヨツバムグラ、キランソウ、カキドオシ、ウツボグサ、メハジキ、ヒキヨモギ、コシオガマ、オトコエシ、オミナエシ、キキョウ、ツリガネニンジン近縁種、ソバナ、ホタルブクロ、ヒゴタイ、オケラ、ヨモギ近縁種、シラヤマギク、キクタニギク、シマカンギク、フキ、ノコンギク近縁種、アキノキリンソウ★、ヒヨドリバナ、ヤクシソウなど
2 湿地	ヨシ、ノハナショウブ、カキラン、トモエソウ、ミズオトギリ、アゼオトギリ★★、コモウセンゴケ、モウセンゴケ★、タコノアシ、カワラケツメイ、ゴキヅル、ミソハギ★、ムカゴニンジン、ヌマゼリ、ハンゲショウ、クサレダマ、ヌマトラノオ、サクラソウ、アケボノソウ、イヌセンブリ、ムラサキセンブリ、ヒメナミキ、ミシマサイコ、ホザキノミミカキグサ、サワギキョウ、サワヒヨドリ、カセンソウ、オグルマ、ヒメシオン、スイラン近縁種など

※田端英雄・宮崎由佳・守山弘「里山の生物相」田端英雄編『里山の自然』(保育社）を参考に、『日本の野生植物Ⅰ、Ⅱ、Ⅲ』(平凡社）と筆者の中国、韓国での現地確認をもとに作成
※無印：朝鮮半島及び中国との共通種、★：朝鮮半島との共通種、★★：朝鮮半島南部との共通種、★★★：朝鮮半島南部及び中国との共通種

草原性・湿地性草本類の定着

朝鮮半島や内蒙古に及ぶ中国内陸部のステップや草甸《そうでん》注6では、低温と小雨のために植生遷移の進行が極めて遅く、同じ植生が永いあいだ安定する。そこでは、湿地と草原が混在し草丈が低いイネ科植物が優占し、広葉草本が混生する。寒冷、小雨のリス氷期や最終氷期には、日本列島にもこのようなステップや草甸が広がった(17)。そこでは中国内陸部と同じ種か近縁種が自生し、草原性植物が繁栄を極めた（表2）。しかし、あとに述べる晩氷期以降の後氷期には、温暖化で雨量が増加し、これに伴って落葉広葉樹林や照葉樹林が拡大し、これらの草原性植物は樹林下では日照不足で生育できず、本来ならば壊滅状態になったはずである。しかし、後氷期以降も草甸の構成種の多くが日本列島で広く個体群を存続させた。その理由についてはつぎの弥生時代の項で詳しく述べる。

林床性春植物の定着

更新世中期のリス氷期まで、日本列島は九州とつながった陸橋を通し朝鮮半島と接続していた。これまでに述べたように、この陸橋を通じ多くの植物種が日本列島に定着した。コナラやミズナラ林など落葉広葉樹林の林床には、カタクリやアマナ、アズマイチゲ、イチリンソウ、ニリンソウ、フクジュソウ、ジロボウエンゴサク、キツネノカミソリなどが定着した(17)。これらの植物は、上層を覆う落葉広葉樹の若葉が日光を遮るまでの約一ヵ月のあいだは、林床に届く光をもとに光合成を行う。これによって一年分のエネルギーを蓄積し、種子を生産して繁殖する。いわゆる「春植物（スプリング・エフェメラル）」である。最終氷期まで、西南日本など、現在の照葉樹林帯に属する地域は、その大半が落葉広葉樹林域であった。だからこそ、これらの春植物は列島に分布を拡大することができた。

3　動物相の成立

現存する日本列島の主な野生哺乳類は、大陸との陸橋や氷橋を使い、主にリス氷期の更新世中期（約一八万年前）までに大陸からやってきた。それは朝鮮半島経由で渡来した中国中部の温帯森林動物群と、最終氷期（約七万～一万二〇〇〇年前）に大陸北部からサハリン（樺太）を通って渡来した北方系動物群から構成される。(8)(18)(19) 草原性のアズマモグラ、ハタネズミ、アナグマ、タヌキ、エチゴウサギ、ウマ、ヤギュウ、オオツノジカなどが、中国大陸から朝鮮半島経由で渡来し日本列島を北上した。マンモスやヘラジカ、ニホンウマ、ナキウサギ、シマリスなどは、サハリン経由で北海道へ移動した。一部の種は、冬季の津軽海峡に形成される氷橋を使い本州まで南下した。亜寒帯針葉樹林とその周辺の沼沢地に生息していたヘラジカは、シベリヤ、カムチャッカから北海道へと南下した。

これまで、主な哺乳類のDNAは、阿部永氏や増田隆一氏をはじめ、多数の動物学者によって解析されてきた。(8)(19)(20)(21)(22)(23)これらの研究によると、ニホンザルの祖先は、三〇万～二三万年前（ミンデル氷期）に、朝鮮半島を経て日本列島に入って広がった。しかし、このサルの子孫は、リス氷期と最終氷期の寒冷化によって西日本に追いやられ、氷期の終焉とともに再び北上したという。ニホンジカについては、対馬海峡が陸化したリス氷期（約一八～一三万年前）、現在の西南日本グループの祖先が朝鮮半島をつたって本土に渡った。一方、現在のサルの北日本グループの祖先は、宗谷海峡が陸化した最終氷期（約七万～一万二〇〇〇年前）に北海道に渡り、津軽海峡の氷橋を通って本州中部まで南下した。イノシシの祖先は、リス氷期までにモンゴル北東部から日本列島に入った。ヒグマについては、三つのグループが最終氷期にベーリング海峡と宗谷海峡に生じた最後の陸橋によって北海道に渡来した。この個体群の一部は、冬季にできる津軽海峡の氷橋によって本州に渡った。このことは下北半島で発見されたヒグマの化石によって明らかになっている。

最終氷期の最寒冷期には、ツンドラやステップなどに大規模な草原、沼沢が広がっていた。これらの草地は、草食性のナウマンゾウやオオツノジカなど大型草食獣の格好の餌場となった。晩氷期以降、気温が上昇すると、この気温上昇と、これに伴う降雨の増加によって森林が北上し、草地が激減した。この餌場の減少を受け、それまで生息していた大型草食獣が絶滅する。もちろん、当時、増加を続けていたヒトの狩猟圧などの影響も大きい(11)。

次節以後で述べるように、ヒトを含む日本列島の生態系を構成する主な動植物は、大陸と陸続きのリス氷期と最終氷期の最寒冷期、およそ二万〜一万八〇〇〇年前頃までに大陸から渡来した種が基盤になっている。

第2節 縄文時代—里地里山の基層形成—

1—地形と気候

最終氷期最寒冷期の二～一万八〇〇〇年前以後、地球は寒暖の変化を繰り返した。しかし、晩氷期からの温暖化、さらにおよそ一万一五〇〇〇年前に始まる後氷期の気温上昇は、氷河を融かし、海水面を上昇させた。これによって日本列島は、大陸から完全に独立したのである。

さらに六〇〇〇年ほど前になると、平均気温が現在よりも二～三℃も上昇した。これによって、さらに海水面が上がり、内陸の奥深くまで進入した。いわゆる「縄文海進」の時代である。[24] 六五〇〇～五五〇〇年前、海水面は最高位に達し、現在の海水面より二～三m上昇した。現在の関東地方の海岸線は、栃木県藤岡町、群馬県板倉町、茨城県古河市付近まで進入し、「古奥東京湾」を形成した[25]（図8）。また、現在の霞ヶ浦一帯にも海面や干潟が入り込み「古奥鬼怒湾」を形成した。[24]

近畿地方では大阪湾が現在の上町台地を半島にして大阪平野に深く入り込み、上町台地の東側、現在の大阪府大東市、東大阪市一帯に「河内湖」が形成された。大阪平野は、弥生時代後期から仁徳陵が造営される古墳時代の一八〇〇～一六〇〇年前に至るまで、大半が水域や干潟の状態であった（図9）。そして「河内湖」の最深部は、その後も「新開池《しんがいけ》」や「深野池《ふこうのいけ》」として残存した。[13][26][27]「新開池」は江戸時代に新田開発に供された。「深野池」は、現在でも大阪府営深北緑地としてその一部をとどめている。

図８
縄文海進最盛期の古奥東京湾

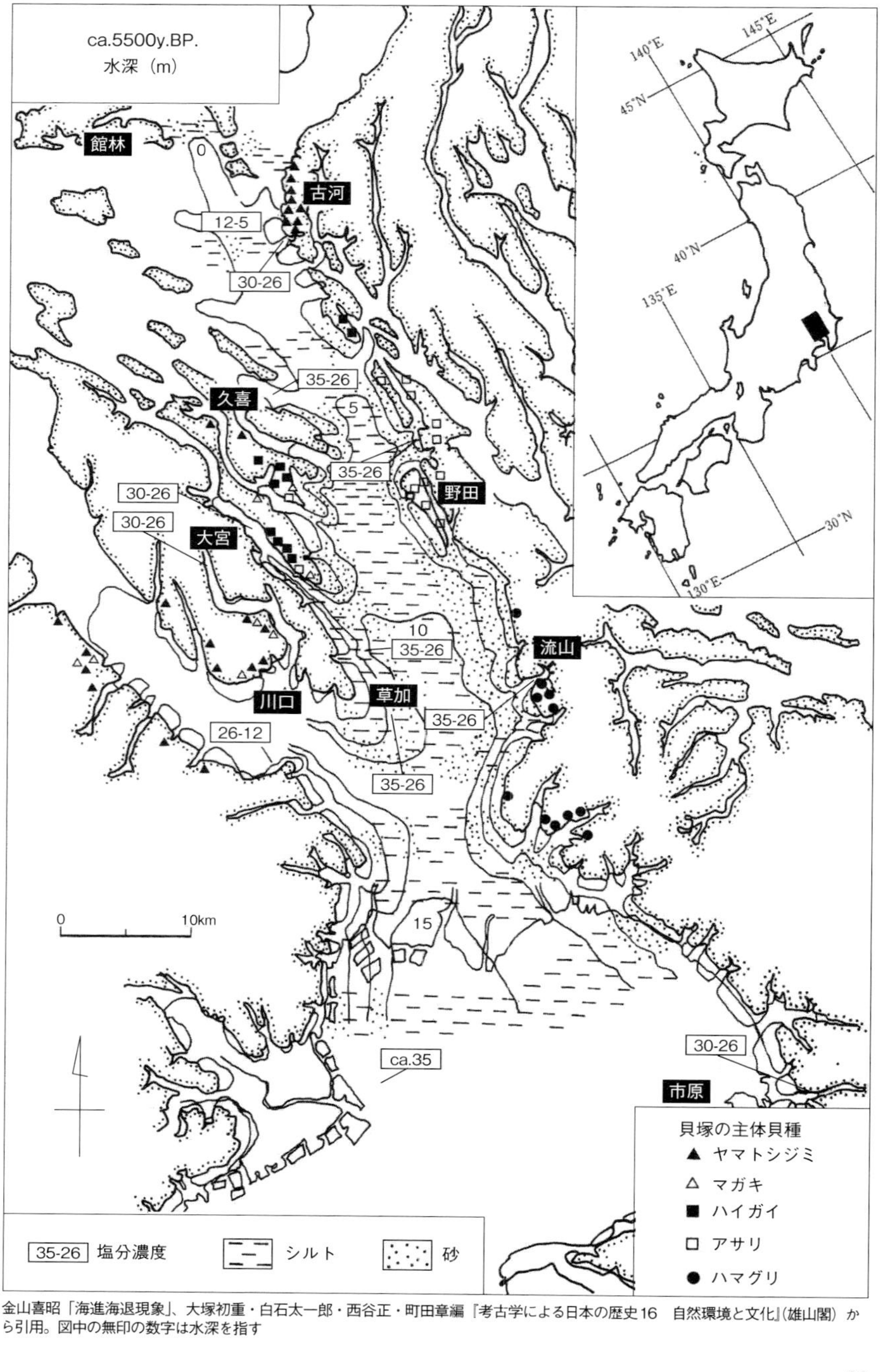

金山喜昭「海進海退現象」、大塚初重・白石太一郎・西谷正・町田章編『考古学による日本の歴史16　自然環境と文化』(雄山閣）から引用。図中の無印の数字は水深を指す

図9
縄文海進時代から古墳時代前期の大阪湾
酒井潤一・熊井久雄・中村由克「第四紀の古気候と古地理」藤田至則・新堀友行編『氷河時代と人類ー第四紀ー』(共立出版) から引用

(a) 河内湾Ⅰの時代(約7000～6000年前、縄文時代前期前半)
(b) 河内湾Ⅱの時代(約5000～4000年前、縄文時代前期末～縄文時代中期)
(c) 河内潟の時代(約3000～2000年前、縄文時代晩期～弥生時代前半)
(d) 河内湖Ⅰの時代(約1800～1600年前、弥生時代後期～古墳時代前期)

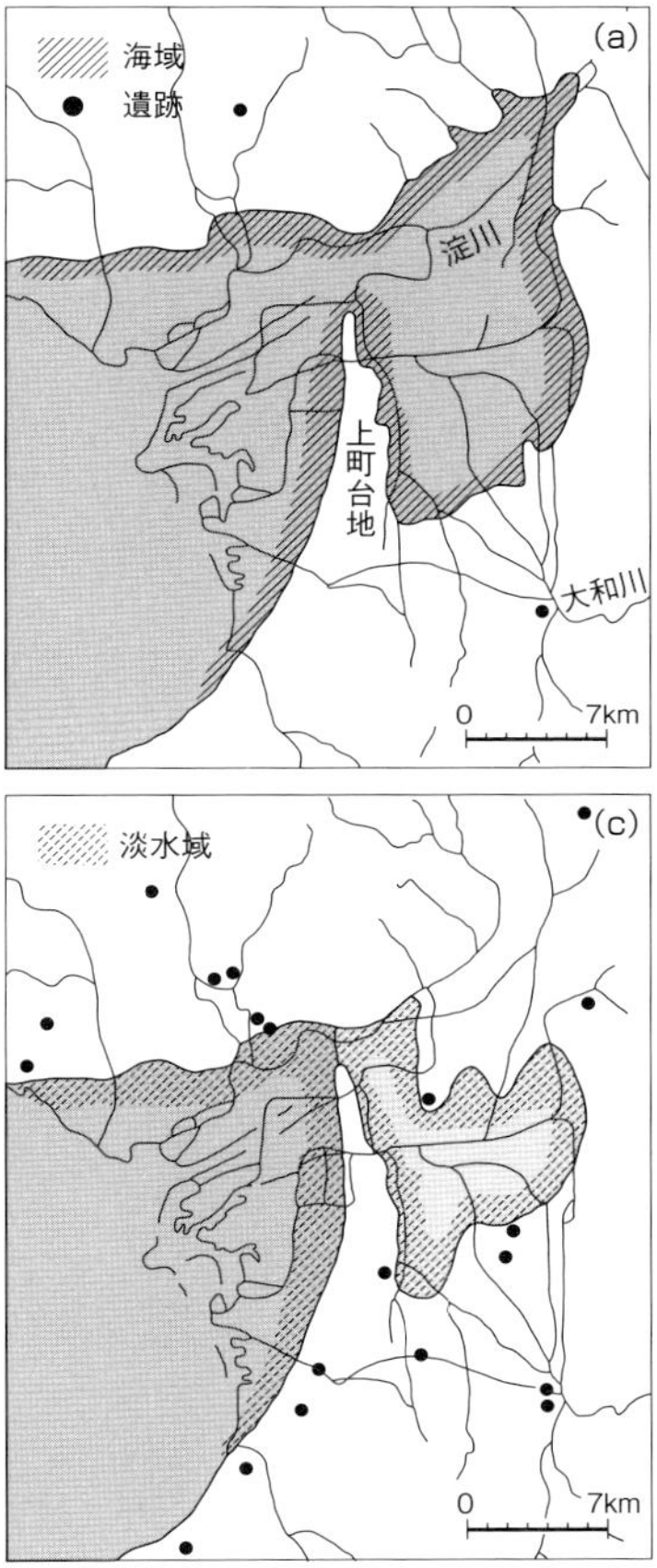

さらに海進時の海面上昇等の影響は、現在の奈良盆地にも及び、大和郡山市以南、田原本町以北は、のちに平城京が造営される時代に至るまで盆地湖や湿原になったとされる。(3)(28)奈良盆地の水はすべて大和川に集まり生駒山地と金剛山地の峡谷を通り大阪平野に流れ出る。この大阪への唯一の出口は、川筋が急に狭まる「亀ノ瀬」(大阪府柏原市)という地滑りや隆起を繰り返す難所である。この場所では近年になっても河床や川岸の隆起が起こり、河床掘削や三〇〇本にもおよぶ鋼管杭打工等の対策工事が続けられてきた。この部分の隆起等は奈良盆地に水を溜め込む働きをしていたことも推察される。(29) 万葉集に舒明天皇が国見した際の歌が残る。『天香具山《あまのかぐやま》登り立ち　国見をす

れば国原《くにはら》は　煙立ち立つ海原《うなはら》は　鴎《かもめ》立ち立つ　うまし国そ蜻蛉島《あきつしま》』と詠まれ、この「海原」を奈良の盆地湖とする説もある。

縄文海進の時期、関東平野や大阪平野など、沿岸部に位置する低地部では、陸域や淡水に依存する動植物の多くは、消滅するか、後退を余儀なくされた。現在の日本列島の形状は、縄文海進以降の寒冷化に伴う海面の低下、それに加え河川が砂泥を運ぶ沖積作用によって次第にでき上がっていった。わが国の沿岸や平野部に生息する動植物は、海進以後の寒冷化に伴う海退と、砂泥堆積による沖積地の陸化に伴って分布を広げ直した個体群である。

2―ヒトの渡来と人口

先にも述べたように更新世は氷期と間氷期が交代し、低温で乾燥する複数回の氷河時代を持つ。人類は、この過酷な環境のなかで猿人から原人、旧人の段階を終える。わが国の前期・中期旧石器時代は、一〇〇～五〇万年前のドナウ氷期から四万～三万年前の最終氷期中期までと言われている。しかし、この時代における遺跡は数少なく、中国大陸から日本列島へのヒトの移住は散発的で規模もごく小さかったと考えられている。

ところが、最終氷期後期に入ると、ヒトは現代人の特徴を備えた新人に進化し、狩猟生活を基盤とした後期旧石器時代に入る。石器製作技術が一段と向上するばかりか、この時代には日本列島の遺跡数が急増し、その数は五〇〇〇基にも達する。それも北海道から九州までの広がりをみせる。最終氷期後期には、大陸と北海道、本州とが陸橋や氷橋でつながり、朝鮮半島から九州までの海域距離や水深が減少する。この条件を活かして大陸渡来民が相次いで日本列島に向かったものと考えられている。

図10
後期旧石器時代人（晩氷期）の日本列島への推定移動ルート
池田次郎「日本人の起源」佐藤方彦編『日本人の事典』（朝倉書店）から引用

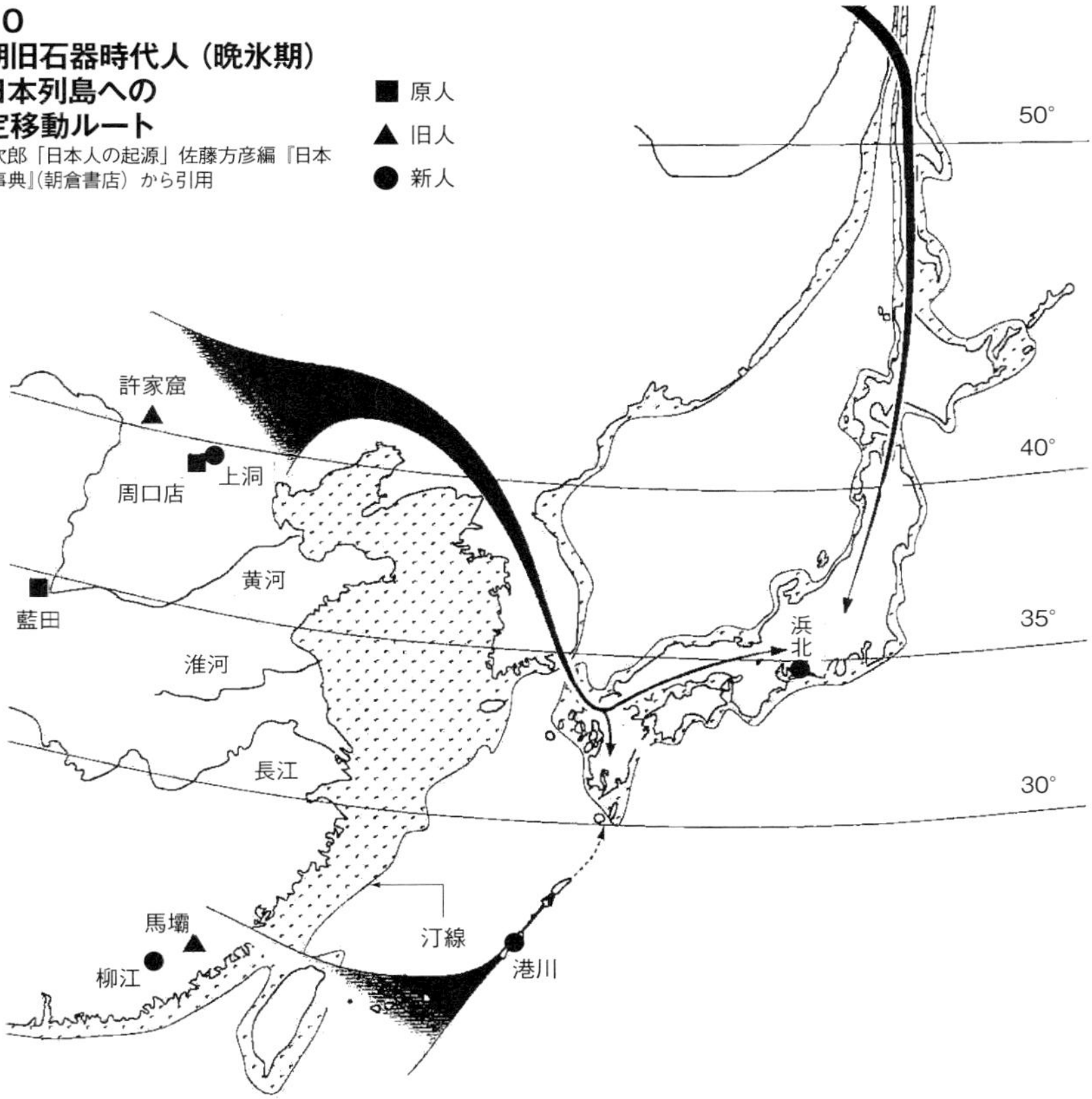

これらのヒトは少数の先住民を呑み込み、新来の文化を広めたものと推定される。東北から中部地方の日本海側には、黒曜石や硬質頁岩製の杉久保型ナイフ、西日本の瀬戸内海を中心にサヌカイトを原料とした国府型ナイフを持つ文化が広がった。日本人集団の起源地には、南方起源説に加え、北東アジア、バイカル湖畔に発する北方起源説など諸説がある。DNA解析の結果から、元々、その多くはモンゴロイド北方型に属することが解明されている。大陸からのヒトの渡来には、三つのルートが提唱されている[11][30]（図10）。

大陸とのあいだに形成された陸橋や氷橋の存在からも、樺太や朝鮮半島、中国沿岸部から南西諸島などを経て、最終氷期には断続的に大陸渡来人が日本列島に入ったものと考えられる。わが国の人口推計によると、縄文早期の二万人に対し、約三七〇〇〇年を経過した縄文中期に入ると二六万人余りに増加する。[31] このうち九割が中部地方以北、特に関東、中部に集中した（図11）。この時代の食料は、野生鳥獣のほか、山野に優占する落葉広葉樹林が生産する木の実、毎年、秋になると川を遡上するサケなどが主であった。

歴史人口学者の鬼頭宏氏は、中部地方以北における人口増をつぎのように説明する。日本列島は今よりも寒冷な約八〇〇〇年前の縄文早期から、約六〇〇〇年前の縄文前期に向けて温暖化した。中部以北の平野部や低山帯では、ブナが優占する冷温帯落葉広葉樹林から、コナラやクリを中心とする暖温帯落葉広葉樹林に変化した。この暖温帯落葉広葉樹林における木の実の生産量は、圧倒的に照葉樹林よりも多い。関東や中部地方では、縄文中期（約四三〇〇〇年前）に、この暖温帯落葉広葉樹林が卓越し、さらに毎年、河川を遡上す

図11
縄文から弥生時代における日本の人口
金子隆一「日本人の人口」佐藤方彦編『日本人の事典』（朝倉書店）から数値引用、作成

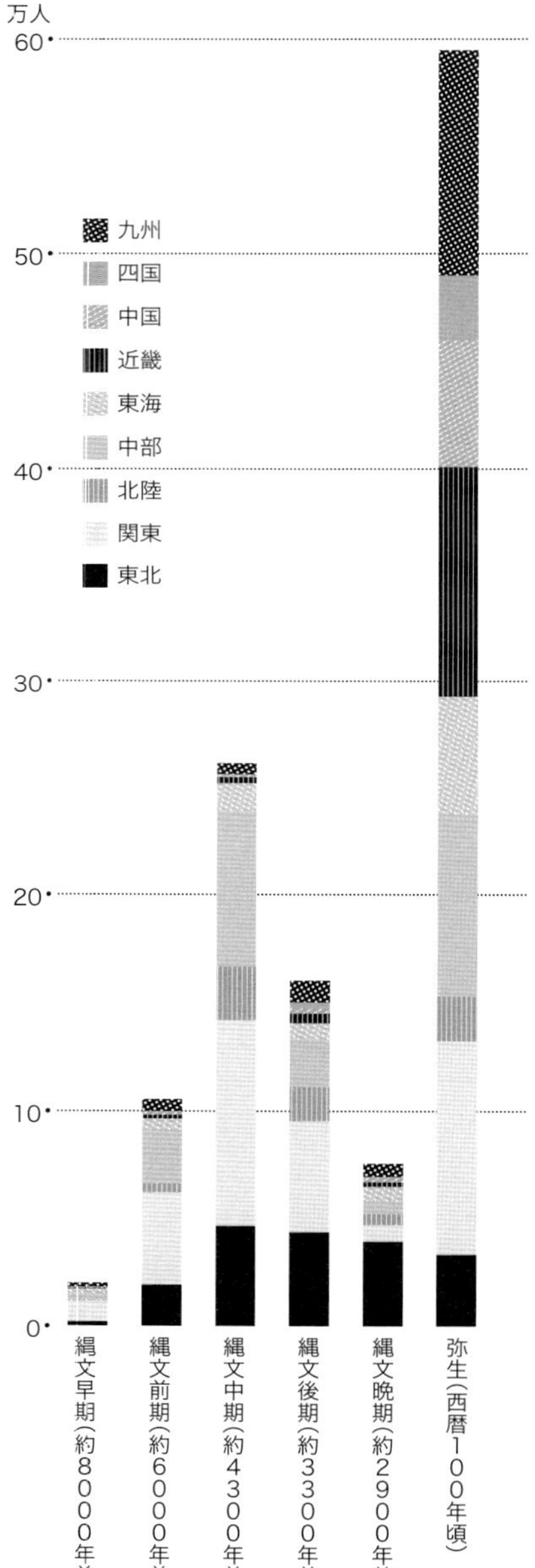

図12　縄文時代早期前半（1万年前頃）の日本列島の植生図と古地理
安田喜憲『環境考古学事始-日本列島2万年の自然環境史』（洋泉社）から引用

る大量のサケを採取できたことが人口増加を促した。

しかし約二六万人に達した人口は、その後、縄文後期、晩期に向けて七万六〇〇〇人前後まで急減する。縄文中期以後、寒冷化により関東、中部地方における暖温帯落葉広葉樹林が縮小し、ブナなどが優占する冷温帯落葉広葉樹林が南下し、逆に関東地方以西の平野部には、次第に木の実の生産量が少ない照葉樹林が北上した。このような植生の変化が、採取経済だけでは飽和水準に達していた人口を一挙に減少させたという。[31][32]

3　植生分布

花粉分析や植物遺体などの調査結果から、縄文時代早期の一万年前の後氷期に入ると、温暖化によって照葉樹林が北上しはじめ、九州の平野部、四国、紀伊半島の南岸から東海地方の南端、房総半島南端にまで達したことが明らかになっている。近畿、東海、関東の平野部では暖温帯落葉広葉樹林が占め、北陸や東北地方では冷温帯落葉広葉樹林が覆うようになった（図12）。

さらに、七〇〇〇～六〇〇〇年前、温暖化がピークに達し、気温が現在よりも二～三℃も高かった縄文海進の時代になると、照

図13　縄文時代前期（7000年前頃）の日本列島の植生図と古地理
安田喜憲『環境考古学事始–日本列島２万年の自然環境史』（洋泉社）から引用

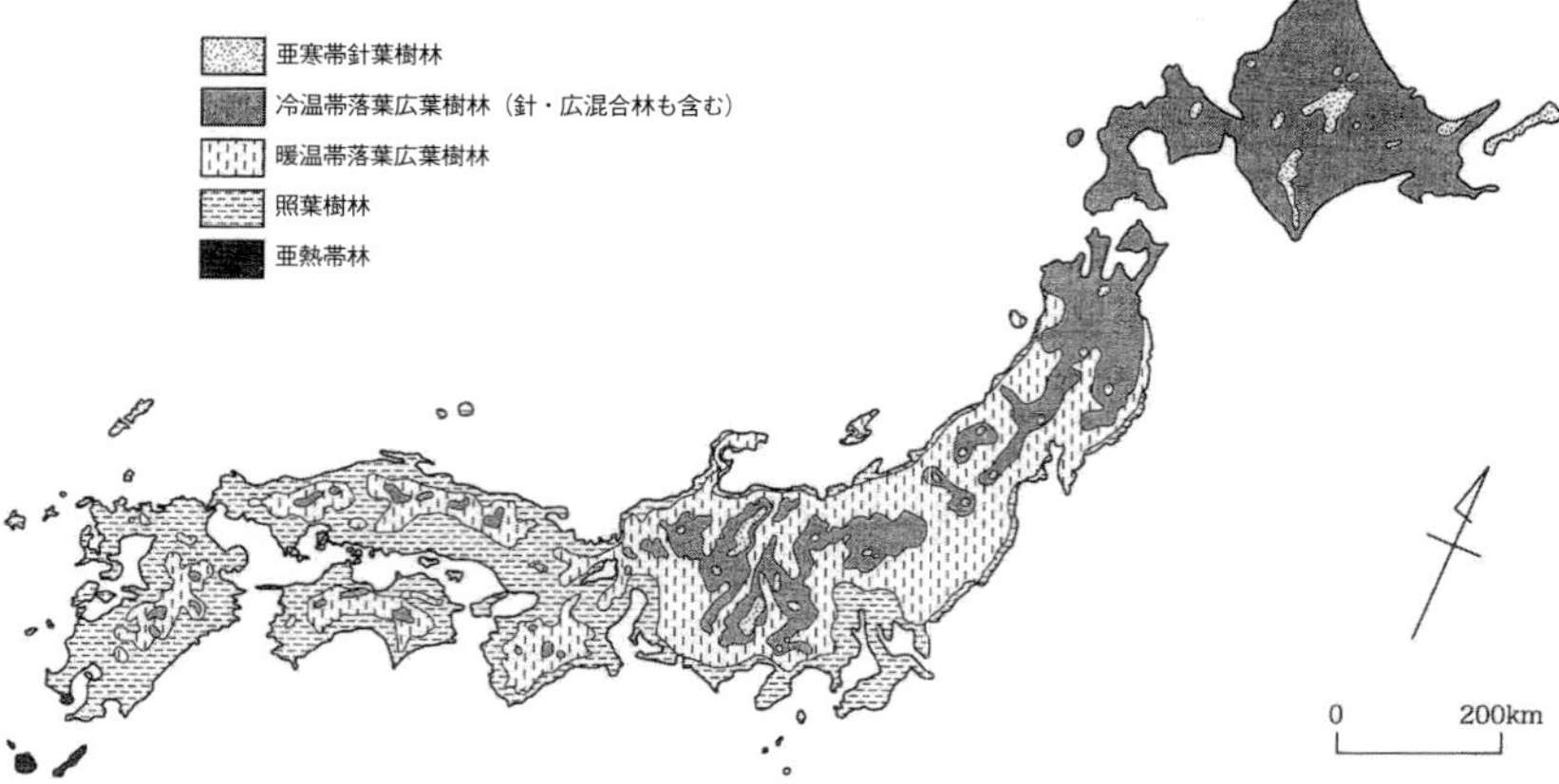

葉樹林は、九州、中四国、近畿の平野部や低山地に進出し、東海、関東の沿岸に達する。北陸、中部、東北地方の低山帯から山地、中部、関東、東北南部の低山帯や山地には、暖帯落葉広葉樹林が広がる（図13）。この樹林では豊富な木の実を生産するコナラやクリが優占し、前述のようにこの時代の人口増を支えた。また、海面上昇によって関東や近畿地方では、海域がそれまでの陸地奥深くに入り込み、海水が流れ込んだ平野部や沿岸帯の森林や動植物が消滅した。

日本列島は、このような気象変動を経験し、約三〇〇〇年前の縄文時代晩期になって、やっと現在とほぼ同様な植生分布域を有するようになる（図14）。現在日本列島の植生は大半がヒトの手によって利用されてきた二次林や人工林、農耕地等である。二次林になる前に存在した原生林による植生分布は、この時代が発祥である。言い換えれば現在の植生はわずか三〇〇〇年の歴史しかない。

約三〇〇〇年前、近畿、東海、関東地方の平野部や低山地に進出した照葉樹林は、北へ向かうほど完成度は低かった。関東地方では四〇〇〇年前頃にアカガシ亜属が内陸部に進出した。シイ属も沿岸部に到達していたが、アカガシ亜属とは異なり内陸部に分布を広げることができなかった。その原因は、縄文海進時に形成

図14　縄文時代晩期（3000年前頃）の日本列島の植生図と古地理
安田喜憲『環境考古学事始―日本列島２万年の自然環境史』(洋泉社）から引用

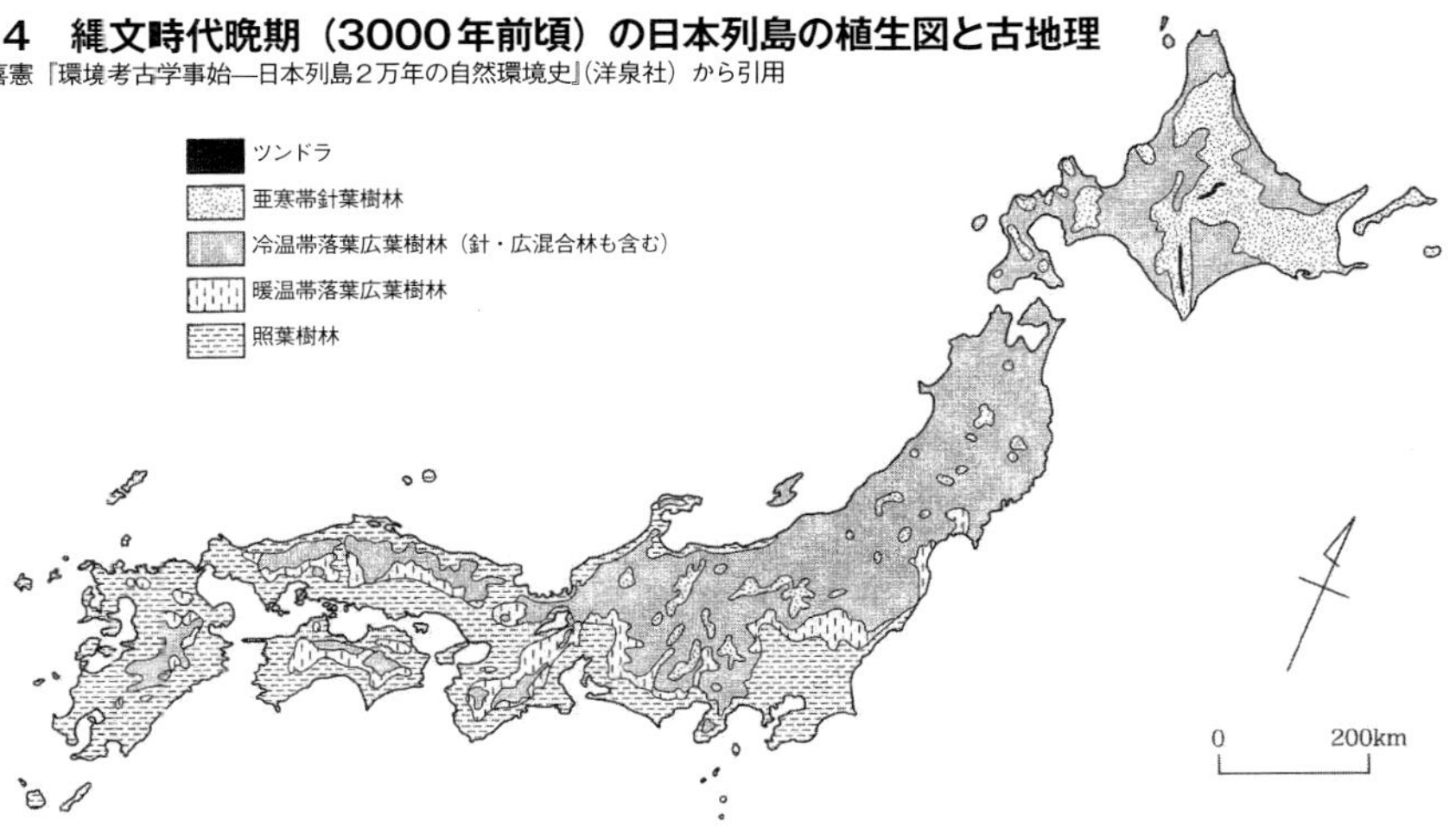

された古奥東京湾が奥深く入り込み、沿岸地域では潮風が一因となって照葉樹林の拡大が制限されたからだと考えられている。[16] また、服部保氏は、照葉樹林の構成種を冬季の気温耐性と降水量等から一二群に分類し、このうち現在、関東平野まで到達しているのは、ホルトノキ群、シイ群、ヤブツバキ群、タブノキ群の四つだけであること、また、コバンモチ群は紀伊半島、ヤマビワ、カナメモチ群は東海地方でとどまっていることを指摘している。気候的にみると、房総半島はヤマビワ群の分布可能域であるため、時間が十分あれば到達できる。しかし、後氷期の一万年という年数は、この群を構成する種の分布拡大には不十分であり、このため遠江・駿河までしか分布していないという。[33][34] これには縄文海進後の寒冷化も影響しているものと考えられる。縄文中期から晩期にかけて、関東平野より南にある近畿地方でも、この寒冷化によって京都盆地などでみられるようにイチイガシやアカガシ近似種などの照葉樹林構成種に対し、モミやツガ、トチノキ、アサダ、イタヤカエデなどの冷温帯性の構成種が混交するようになった。

そして次項で述べるように、この時代にはすでにヒトによる燃料や建材用の森林伐採が始まり、一部では農耕を伴うほどとなり、植生へのヒトの関与が大きくなっていく。[11][35]

4―ヒトの営みと植生

晩氷期以後になると、地球レベルの温暖化と、さらに約六〇〇〇年前の縄文海進期における温暖化により、昼なお薄暗い照葉樹林が年間三〇～四〇mの速度で北上した。約一万年前に九州の平野部や四国、九州南端に達した照葉樹林は、一〇〇〇～一五〇〇年ごとに北へ約四〇㎞ずつ延伸し、三〇〇〇～二三〇〇年前の縄文晩期になると、関東地方や日本海側の秋田県沿岸部に達した。この植生の置き換わりは、これまでの花粉分析の結果から検証されている(11)(17)。

カタクリ、アマナ、アズマイチゲ、イチリンソウ、ニリンソウなどの春植物が、生育、繁殖するためには、落葉広葉樹林の林床における春の陽光が不可欠である。このため、気温上昇に伴って北上を続ける常緑広葉樹林の林床では生存できない。春植物の代表格、カタクリを例に照葉樹林化の影響を検討してみよう。種子の発芽後、つぎの開花結実までに五～一〇年を要し、種子はアリが運び一生に五m程度しか移動できない。この移動速度でみると、最終氷期終了後、現在までの一万年間におけるカタクリの移動距離は五～六㎞に過ぎず、数十倍の速度で北上する照葉樹林に追い抜かれ消滅してしまったはずである(17)。

縄文中期の温暖期には、本州内陸部では落葉広葉樹林と北上してきた照葉樹林が混交する植生が卓越していた(11)。この頃、本州の一部ではすでに焼畑耕作が始まり、森林からは建材や燃料などを得るため立木を伐採した。これによって生じた二次植生の落葉広葉樹林が、当時の森林面積全体の一二％にも達していたという(17)。縄文中期の人口はすでに二六万人に達し、一家族を六～七人と仮定すると四万戸の世帯が暮らしたことになる。この一世帯が一年間に消費する薪や柴などの燃料は、昭和二〇～三〇年代までの実績によると三～五tである。この数値を使った場合、燃料消費に必要な樹木だけで年一二～二〇万tに達する(36)。縄文時代の竪穴式住居にはすでに煮炊きや暖房に使う竈が造られていた。また、当時のカヤなどを材料とした建築物から考察しても、暖房や煮炊きに対し昭和の時代以上の燃料を要したものと考えられる。少なくとも縄文の時代、あるいは消炭や原始的な木炭の化石が発見された更新世中期の時代頃（三〇数万年前）から、ヒトは生活のために原生林を伐採し二次林を拡大させていった。コナラやアベマキなどの落葉広葉樹は根系に光合成同化産物を多く蓄えるのに対し、アラカシ等の常緑広葉樹はこれをほとんど蓄えていない。このため、常緑広葉樹を伐採すると最初は萌芽が発生して更新するが、繰り返し伐採を続けると枯死していく。

カタクリなどの春植物が、現在の照葉樹林域においても生存し続けた理由は、守山弘氏の考察では、つぎのように整理される。縄文時代には焼畑がヒトの食料を補完し始めていた。普通、焼畑は、地力を回復させるため、二〇〜三〇年の休閑期を与えると同じ場所で継続することができる。カタクリなどの種子の移動はアリが担うため、落下後の分散距離はせいぜい五m前後である。畑の休閑と同時に、周囲から五mほど内部に運び込まれたカタクリの種子が発芽すると、五〜一〇年後に開花し、さらに五mほど内部に運びこまれる。その後も五〜一〇年ごとに五m前後内部まで運びこまれるという方式で群落を拡大させたと仮定すると、一〇〜一六a以下の面積ならば、カタクリは二〇〜三〇年の休閑期のあいだに焼畑の中心部まで移動できる。このようにしてカタクリは焼畑耕作のなかでも生き残ることができたと考えられる。(17)

また、薪炭などの燃材や肥料を得る雑木林は、本州ではその多くがコナラやクヌギなどの落葉広葉樹林が占める。わが国の里山では、近代に至るまで、伐採後に再生した二次林や、燃料等を得るために萌芽更新により繰り返し利用してきた雑木林では、春、太陽光が林床に注ぎ込む落葉広葉樹林が維持された。春植物は、この林床のなかでも残存することができた。カタクリをはじめ現在の照葉樹林域に残存する春植物は、氷河期の生き残りであり、まさにヒトの営みによって個体群を継承してきたといえる。

縄文時代中期（約五〇〇〇年前）の遺跡が、現在の青森県青森市郊外、八甲田山系につながる丘陵地にある三内丸山で発見された。この遺跡は、東北地方におけるヒトの生活拠点であった。五〇〇人規模の集落が拠点に集中し、その拠点が広い地域に点々とあったという[37]。

旧石器時代晩期から一万年前の縄文時代、さらに六〇〇〇年前の縄文海進の時代になると、地球的規模の温暖化と湿潤化が進行した。針葉樹林が後退し、落葉広葉樹の多い森林植生へと変化した。三内丸山遺跡を調査した辻誠一郎氏や佐藤洋一郎氏らによると、当時のヒトは、ブナやミズナラが優占する落葉広葉樹林を伐採し、燃料や建築材を入手し、開放地を拡大した。住居周辺の林縁部や台地斜面には、ミズキ、ニワトコ属、クサギなどの中低木が繁茂し、つる植物が絡まる二次植生が形成された。台地や斜面の一部に野生のクリやクルミを切り残して育成し栽培した。開放地には住居のほか焼畑によって、マメ類やエゴマ、ヒョウタンなどが栽培され、生態系は人為によってゆるやかに作りかえられていった。「無農薬」で作物を栽培し、森を全伐することなく、むしろ上手に利用しながら森や社会のシステムを動かした。多種多様な植物資源の利用体系を備え、しかもクリの育成管理や栽培といった人為的に生態系を育む高度な生活文化を持っていた[35][38]。

辻誠一郎氏は東北地方をはじめ、花粉分析などの動植物遺体や遺跡・遺構などから環境史を研究された。これらの成果によると、青森県にある縄文時代前期から中期末の三内丸山遺跡について、次のように述べている[39]。当時、ヒトは、ブナなどの落葉広葉樹林を切り開き、竪穴式住居群や列状、環状の墓域、厚さ二mもの盛土や大型の掘立柱など、さまざまな施設を整備した。集落の面積は三五haにも及び、居住開始の約五九〇〇年前から集落が終焉を遂げる四〇〇〇年前まで、実に一九〇〇年もの長期間存続したことが高精度な年代測定により判明している。周辺では、ブナなどの原生林が伐採されて、二次林として成立したクリ林が、人為によって育成管理されたのではないかという。林床にはイネ科やヨモギなどの草本が疎生しており、下草刈りなどの管理によってクリ林を繰り返し育成していた可能性を示唆する。燃料としての木炭破片や土木工事の杭など、現地における木製遺構の素材は、八〇％以上がクリ材であった。

また、辻誠一郎氏は、食料である種実や燃料、建築・土木材が得られるクリ林が枯渇しないように、当時のヒトが、すでに人為的にクリ林を更新、再生させる里山の循環システムを成立させていたことを指摘している。この縄文時代におけるクリ林等の利用方式について、辻氏は弥生から古代以降の里山に対し、「古里山」や「縄文里山」と呼ぶに値するものであるという。この学説は、わが国における里地里山の基層が縄文時代に形成されつつあったことを示すものでもある。

縄文中期からの海進後、気候の寒冷化と海退による沿岸の陸化により、植生も変化する。秋田、山形などの東北地方の日本海側をはじめ関東地方においても、谷底低地を中心にトチノキ林が拡大する。この種実が大量に食料として消費され始めた。焼畑から得られる作物、魚撈や狩猟で得られる魚や鳥獣とともに、縄文時代終焉までには、クリやドングリ類などにトチノキの種実が食料に加わる。これらの二次林に対しても、「縄文里山」の思想が受け継がれていった可能性が高い。

縄文時代晩期に入ると九州北部に稲作が伝播した。つぎの弥生時代以後、日本列島においてヒトは如何に自然環境と折り合いを付けながら、資源を繰り返し再生利用する循環型の里地里山生活を根付かせていったのであろうか？

第3節 弥生時代—里地里山の発祥—

古代史を研究する小林青樹氏によると、縄文から弥生への転換は、大陸文化を携えた渡来人と先住民である縄文人との両者によって実行され、弥生化したかどうかということは、そこに「灌漑による水田稲作」が導入されているかどうかで判断しうるという。このため最初に九州北部で「灌漑水田稲作」が始まったときから、日本列島全体が弥生時代に入ったものと考えるとしている(40)。もちろん、その時代には弥生文化を受容していない縄文人が数多く混在していた。

1—ヒトの渡来、弥生渡来人

縄文後期から晩期は、温暖な縄文海進後の海退期にあたり、気候寒冷期である。縄文時代中期、全国で二六万人という人口を養った暖温帯落葉広葉樹林は、東日本ではブナを中心とする冷温帯落葉広葉樹林に置き換わっていった。また、西日本の暖温帯落葉広葉樹林は北進する照葉樹林にのみ込まれ、次第に分布が狭小化した(39頁図14)。この気候変動による植生の変化は、当時、ヒトや野生動物の食料であった木の実の生産量を減少させた。これによって増加した人々の多くが、従来の狩猟・採取中心の生活を継続できず、縄文晩期の総人口は七・六万人にまで減少した(11)(30)(36頁図11)。

また、この時期には中国の「段周革命」や「春秋戦国の乱」などを逃れた難民や、寒冷化に伴う気候難民が多数発生した。稲作や各種の作物など、多くの大陸文化を携えたこれらの民は、新天地を求め、ボートピープルとして長江中下流域などから日本列島に渡来した。[41] 縄文晩期には支石墓《しせきぼ》を造るような文化を持つヒトが陸稲を伝え、ついで水田稲作を持ち込んだとみられる。[42] 弥生時代の遺跡からは、すでに米のほかコムギ、ヒエ、アワ、アズキ、ダイズなどの穀物、ウメやアンズ、モモなどの果樹が発見されている。この時期の渡来人が、すでにこれらの苗木や種子、それに栽培技術などを携えてやって来たのである。[43] 当時の渡来人も行き先で食料が不足すれば飢え死にするしかない。作物を持ってきたのは至極当然のことである。弥生人の推定渡来ルートは、朝鮮半島経由のほかに、「稲の道」に相当する長江流域の江南から山東半島、そこから黄海を横断する海路コースも有力候補の一つに上がっている。[30]

中国大陸、朝鮮半島からのヒトの渡来は、縄文晩期から本格化する。弥生時代初期から奈良時代初期までの約一〇〇〇年のあいだに、推計では一五〇万人の人々が渡来した。[32] 大規模な弥生渡来人の到来によって稲作を基礎とする弥生文化が形成され、この時代にわが国の歴史的発展の基礎が築かれた。

2―稲作の伝播と北上

寒冷化や大陸の内乱などにより、渡来人は、イネとその栽培技術などを携え日本列島に渡った。この大量の渡来人が列島に入り、すでに大陸では普通になっていた水田稲作を展開し始めた。先住民にも渡来人の稲作を受容する理由があった。先にも述べたように寒冷化のために採集中心の生活が崩壊し、食料資源を特定化し再生産を行う必然性に迫られていたからである。[44] すでに食料を得るために焼畑などの畑作を開始していたので、技術的にも受容する基盤はできていた。また、この時代は縄文海進後の海退期にあたり、低地には水田稲作に適した湿地帯が形成されていった。このことも稲作の受容に拍車をかけたものと考えられる。(41) 九州北部では、水田稲作の受容期には渡来集団と在野の縄文人とが友好的で、これまで未利用であった低地に集落を構え、水田稲作を展開していったという。(44)

水田稲作は連作障害もなく地力も維持しやすいため、気象害がなければ、同じ土地で毎年同程度の収量を得ることができる。何よりも病害虫被害が少ない。また、畑の穀物の代表格であるムギに比べ圧倒的に生産力が高い。昭和四〇年代の値でみても、その収量はコムギの反当（一〇a当たり）二〇〇～三〇〇kgに対し、米は四〇〇～五〇〇kgと一・五倍に達する。(45) また、水に濡れなければモミの保存性はすこぶる良い。そして何よりも美味しかった。このイネの生産力の高さが食料の「余剰」、そして「富」を生み出し、ひいては人口増や階層分化、文明と国家を生み出す源になった。江戸時代までは米イコールお金、税金でもあったことは周知の事実である。「米さえ食っていれば」というように、「命の根源」として米が絶大なる信頼を得ていたからに違いない。(29)

佐藤洋一郎氏は弥生遺跡である静岡県の登呂遺跡で、その時代と同じ方法で古いイネの品種を作付けした。刈敷だけ与え肥料や農薬なしでも反当一〇〇～一五〇kgの収量が得られたという。また、筆者はここ数年来、元肥に一畝当たり（一a当たり）一〇〇kgの牛糞堆肥に、前年の稲ワラだけを使って稲作を行っている。この場合の収量は反当三〇〇～四〇〇kgほどになり、三畝だけでも夫婦二人の年間消費を十分にまかなえる。それほどイネの生産力は高いのである。日本を含む東アジア諸国の人口増と経済発展は、このイネの生産力に支えられてきたのである。

環境考古学者の安田喜憲氏によると、湖南省彭頭山《ほうとうざん》遺跡における九〇〇〇年前の環濠集落をめぐらした稲作遺跡、江西省万年県仙人堂遺跡の一万四〇〇〇年前の稲作遺跡と土器、湖南省八十垱《はちじゅうだん》遺跡や湖南省道県蝦蟇洞《がまどう》遺跡における一万年前の稲籾発見という事実から、中国での稲作起源地は「東亜稲作半月弧」と言われる長江中流域にあり、栽培開始は一万年以上前であるという[41][46]（25頁図6）。長江下流域にある浙江省河姆渡《かぼと》遺跡や羅家角《らかかく》遺跡では、七〇〇〇年前から稲作が実施され、野生種の存在も確認されている。この二つの遺跡では、巨木の高床式建築や骨製の農耕具、絹織物を物語るカイコを彫刻した象牙、紡錘車、漆塗り土器などが出土し、かなり発達した稲作農耕社会が成立していた。このため、稲作農業の起源地は長江中流域にあり、下流の河姆渡遺跡などにはある程度発達した段階で伝播した可能性が高い。

　縄文時代晩期は、縄文海進後の海退期にあたり、気候寒冷期（約三〇〇〇年前）である。この時期には、前述の通り、大陸における段周革命や春秋戦国の乱などから逃れた難民、それに寒冷化に伴う気候難民が、ボートピープルとして日本列島に渡り、稲作をもたらした。わが国に縄文時代晩期に伝わった稲作は、幾つかの文化要素も持つ完成度の高いものであった。造成・修復用の鋤、田起こしに不可欠な鍬、カシの柄などの木製品、穂摘み具の石包丁等は、水田農耕に不可欠な農具である。これらの品々を作る技術も、稲作とともに大陸から朝鮮半島などを経由して渡来した。弥生後期から古墳時代の前期には、鉄を用いた鍬や鋤、鎌が普及する。すでにこの時代には近代に及ぶ稲作農具の原型が伝わっていたのである。弥生時代の水田は、人力で水平面を形成し、効率的に水を回す小区画水田であった。この弥生農法は、わが国の水田稲作の原型となり、その基本は昭和二〇～三〇年代まで続いてきた。

　さらに、これらの水田の水は、水田と河川や湖沼と連続させた灌漑用水路を造成して導水し、余剰を排水した。このためナマズやコイ、フナ、ドジョウなどの淡水魚は、繁殖などのために河川と水田を行き来できるようになった。湛水中の水田内ではほとんど流れもなく栄養分を含んだ水でプランクトンが豊富に発生し、太陽光を受けて水も温む。稚魚の孵化と成長にはうってつけである。弥生時代の人々は、水田に湧く雑魚の

図15　日本列島へのイネの伝播ルートと大陸での稲作遺跡
佐藤洋一郎『稲のきた道』(裳華房) から引用

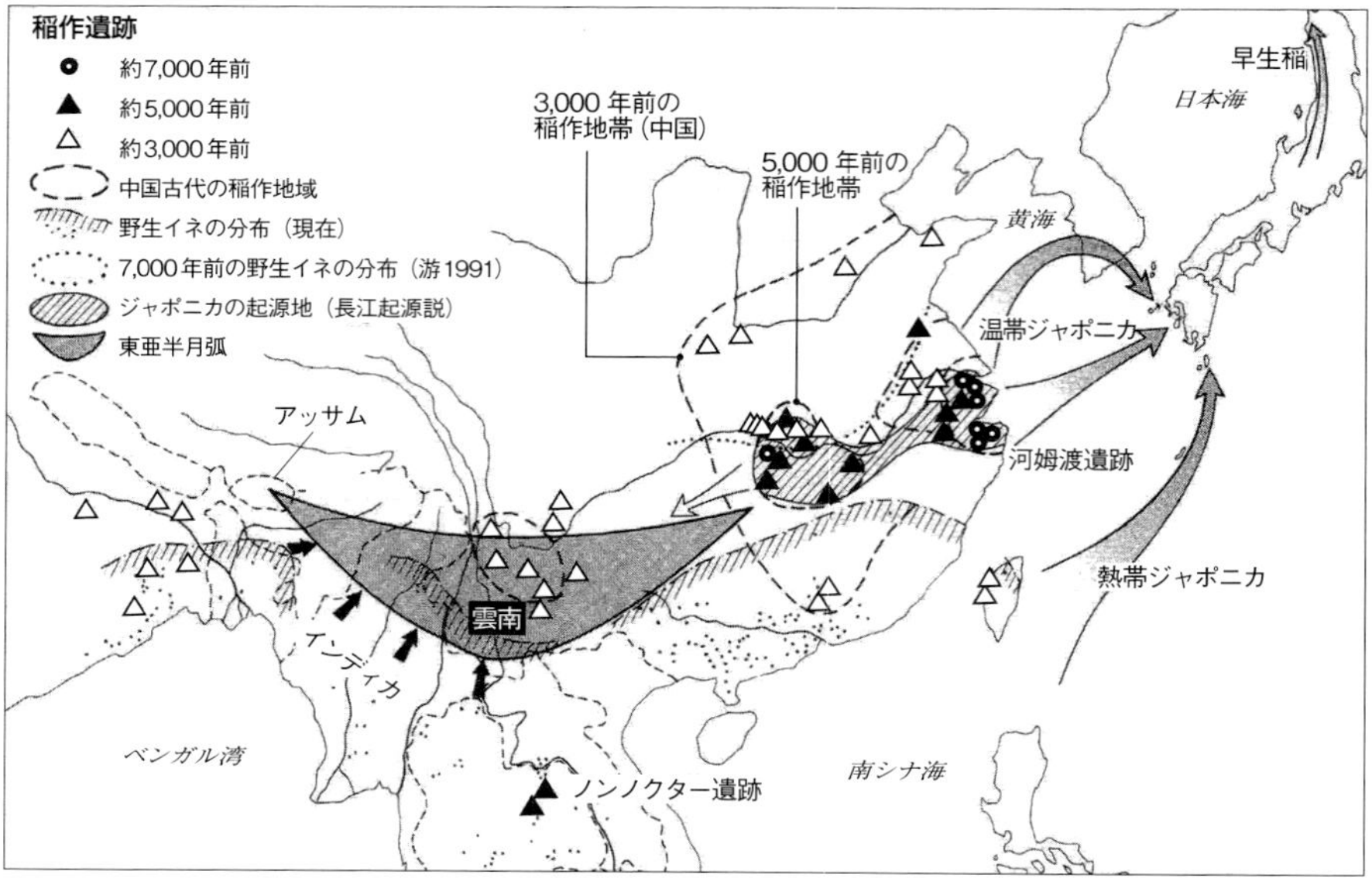

姿をみて必然的に水田漁撈を発展させることになった。

水田漁撈とは、一年をサイクルとする稲作の営みにより発生する水田の水流、水量、水温などの変化をたくみに利用し、水田に繁殖したドジョウやフナ、タニシ等を捕る漁法である。魚の収穫は日常的な自給タンパク源となり、フナのなれ鮨やタニシの佃煮など、保存食としても利用できた。そして、水田で生産される米と魚介類との組み合わせは、稲作民の栄養バランスにも寄与したのである。のちには溜池や用水路で村や水利組織によって養魚が営まれ、これらの収穫物の余剰は金銭の収入源になった。稲作に伴う水田内でのこのような稲作以外の生業の発生は、のちに貨幣経済が進展するなかでも、稲作農家が食料の自給性を維持する要になった[47]。

日本列島への水田稲作の伝播ルートについては、佐藤洋一郎氏による遺伝学的な研究により解明されつつあるが[15]（図15）、日本に到着した水田稲作がどのような時間スケールで北上していったのであろうか？　小林青樹氏の詳細な研究[40]（図16）によると、環濠集落を作り

図16
日本列島における稲作の北上

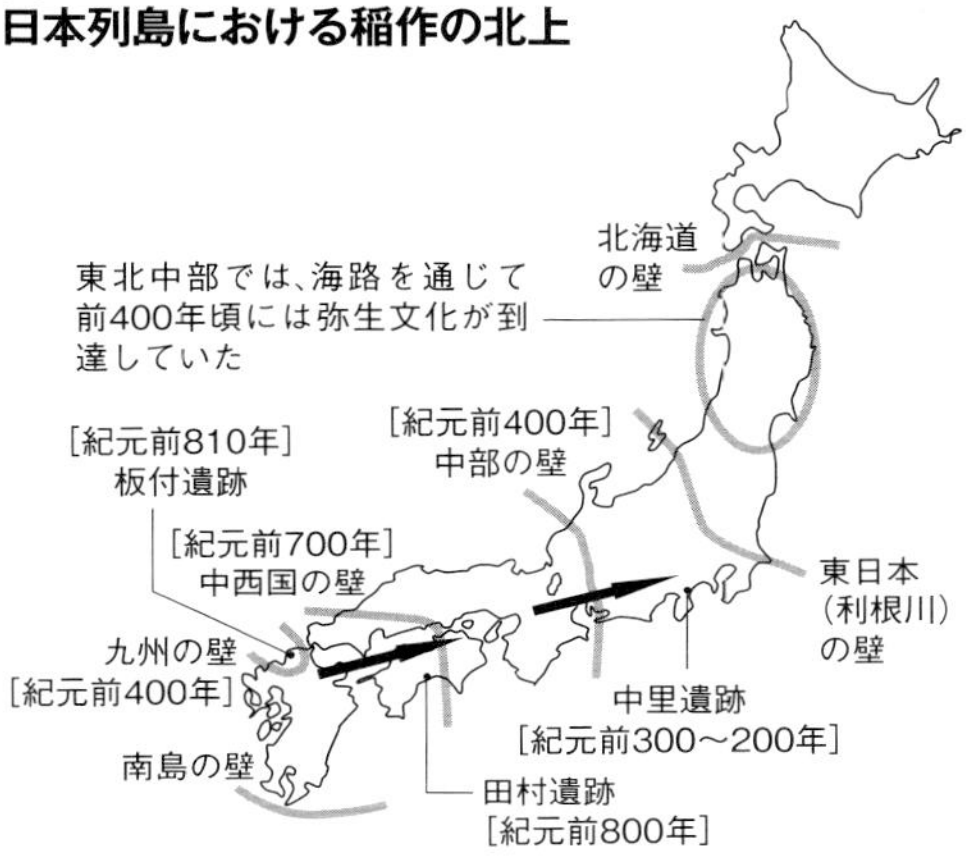

小林青樹（2007）「縄文から弥生への転換」、広瀬和雄編『弥生時代はどうかわるか』（学生社）から引用
高知県南国市田村遺跡のように海路による伝播と考えられる場所もある

青銅器などの金属器を持つ本格的な水田稲作は、紀元前八一〇年、九州北部板付に定着した。その後、紀元前六〇〇年頃大阪付近に達する。関東地方には紀元前三〇〇〜二〇〇年に到着した。板付から神奈川県小田原市（中里遺跡）までざっと五〇〇〜六〇〇年間、ゆっくりと縄文人のあいだに受容され北上していった。

この稲作の北上は、後述の通り、そこに生息する動植物、生態系の北上でもあった。また、稲作北上は、水田という浅い沼地や土手や畦という草地の増加を意味し、ヒトの生活と人口増加による二次林と草地の増加、北上をも意味している。従ってこの弥生時代において、わが国における里地里山の原型が形成されたといっても過言ではない。

中尾佐助氏や佐々木高明氏らは、照葉樹林文化におけるさまざまな要素の分布状態を重ね合わせると中国雲南地方がこの文化域のコアであり、西端はアッサム、東端は湖南山地に至る半月弧地域を、西アジアの肥沃な麦作の三日月地帯に対し、「東亜半月弧」と名付けた[48][49][50]。この半月弧に入る地域が照葉樹林文化のセンターであると同時に稲作の起源地とみなした。

しかし、前述したように安田喜憲氏は稲作遺跡の分布から、稲作の起源地が雲南を中心とする地方ではなく、長江中下流域にあることから、「東亜半月弧」の中心を湖北省や湖南省とし、東端を長江デルタ、西端を四川省に至る地域に移動し「東亜稲作半月弧」と定義した[46]（25頁図6）。佐藤洋一郎氏も、約三〇〇〇年前にこの地帯から、稲作が雲南地方の「東亜半月弧」に伝播したとしている（48頁図15）。日本列島へもその頃から縄文時代後期以降、この「東亜稲作半月弧」に育まれた稲作を中心に、ダイズやアズキ、ウメやアンズなど各種の作物と栽培技術、それに仏教、法典を始めとしたさまざまな文化要素、そして徹底循環型のライフスタイルが伝播することになる。

筆者はこの長江中流域、「東亜稲作半月弧」に何度も足を運び、そこでの稲作様式や里地里山の植生、生態系、ヒトの暮らしや文化を目の当たりにし、この地域が里地里山文化の発祥地でもあると確信した。そこは照葉樹林ではなく、植生や生息する生き物から、稲作様式、食生活等の暮らしに至るまで、昭和二〇～三〇年代までの日本の里地里山のそれと酷似していたからでもある。クヌギやマツを中心とする薪炭林や用材林、草山や水田が広がり、燃料や家畜の飼い葉等の飼料、堆肥や肥料としての人糞尿、家畜糞尿、それに水等々、生業や暮らしに必要とするすべてを里地里山から自給し循環させ、食料を持続的に生産する稲作、畑作があった。さらに、生息する動植物も、トキやトノサマガエル、カブトムシ等々、日本列島との共通性にあふれていた。それらは、里地里山の自然環境と巧みにつきあい、生態系をも育む暮らしが、永々と築き上げてきたものであった。

もちろんそこには、コンニャクやお茶、漆など、「照葉樹林文化」の要素に含まれるといわれる習慣も数多く存在した。しかし、これらはあくまで要素に過ぎず、徹底循環型で自然環境に関わりながら共存していく、生活文化の体系や土台、そしてその形成の成り立ちを物語ってはいない（詳しくは第3章、4章参照）。

3 ― 人類の生活と植生との関わり

縄文晩期に七・六万人まで減少した人口は、六〇〇年ほどの弥生時代のあいだに七〜八倍の五九・五万人まで増加する（36頁図11）。これには水田稲作の拡大に伴う米食の影響が深く関わっている。畿内とその周辺から北関東までのあいだに人口全体の六割のヒトが住まう状態になる。なかでも近畿地方と関東地方には、それぞれ、約一〇万人、東海から山梨・長野には約一四万人が生活した[31]。約六〇万人のヒトが森林から木材と燃料を得た訳である。昭和二〇〜三〇年代までの里地里山農家の燃料採取量から当時の利用状態を推定すると、約一〇万世帯、最低でも毎年三〇〜五〇万tの燃料を山野から採取した[36]。

このような水田の拡大と森林伐採の状況は、安田喜憲氏や辻誠一郎氏、内山隆氏ら多くの環境考古学者の研究により明らかにされつつある。辻誠一郎氏によると、佐賀県吉野ヶ里遺跡の調査から弥生時代には、台地から斜面に様々な施設が築造され、すでに森林はおおかた消失していたという[34][51]。また、低地から谷部に成立していたハンノキなどの湿地林が消失し、急速に水田が造られた。水田稲作と青銅や鉄を伴った新来の文化は、丘陵部から低地まで植生を大きく変化させる能力を持っていた。関東地方でも千葉県市原市にある村田川流域、群馬県東南部、館林台地における遺跡調査の結果から、水管理の簡単な小さな谷や扇状地扇端部において、水田稲作の開始と居住地造成などによる植生改変が進んだ。低湿地のハンノキ林は伐採され水田になった。台地部の樹林は建材や燃料を得るために伐採され、ヨモギやクワ科などに属する草本植物が増加し、その一部は畑に代わった（図17）。

内山隆氏によると、関東地方に稲作が始まったのは、栽培型イネ

図17　千葉県市原市村田川流域における縄文海進以降の植生変遷

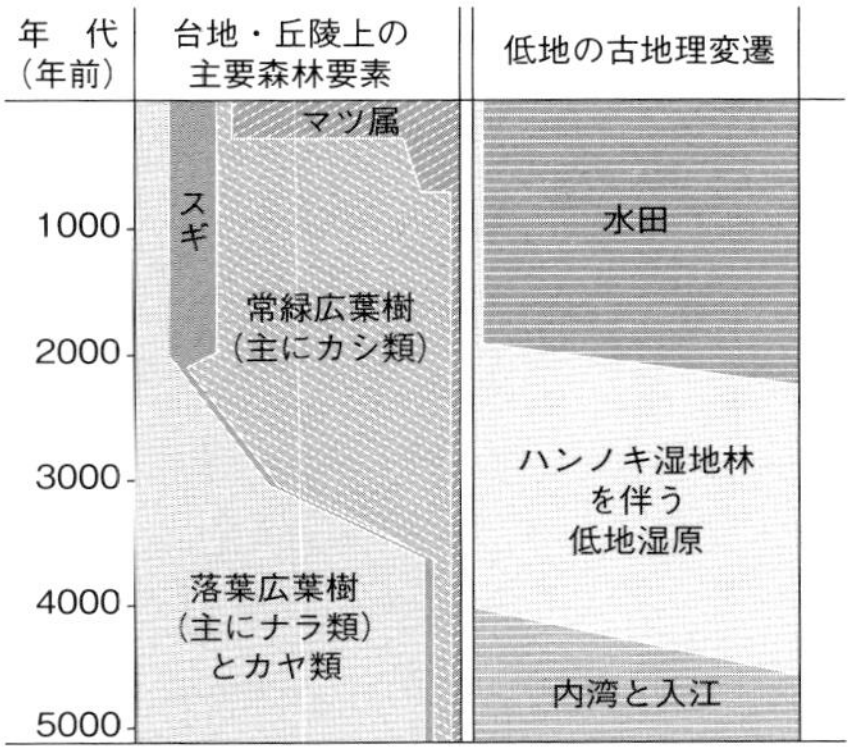

辻誠一郎「最終氷期以降の植生史と変化様式」日本第四紀学会編『百年千年万年後の日本の自然と人類』(古今書院) から引用

科植物の花粉識別によって約二二〇〇年前と推定されている。[16]この植生変遷はつぎのように整理されるという。まず稲作の開始に伴い房総半島の植生は大きく変化した。複数地点の試料解析によると、約二五〇〇年前に低湿地のハンノキ属の花粉が減少していることから、その時代にハンノキ林が大規模に伐採され、そして約二〇〇〇年前からイネ科の花粉が急増していることから、この頃から水田稲作が広まったことが推定される。さらに約一五〇〇年前にかけても新たな場所でハンノキ属花粉が減少する。しかし、斜面地に成立するコナラ亜属やアカガシ亜属の花粉に明瞭な減少が確認されないことから、当時の大規模な森林伐採は湿地林に限定され、丘陵地の奥深くには及んでいなかったのではないかという。当時のヒトは、人口増加のなかで山野の環境容量を上回る燃料採取を続けると再生せずに草地や裸地に変化し、次第に生活が困窮することを既に学んでいたのではないだろうか。

4 ― ヒトの営みと動植物

草原性植物

先に述べたオグルマやリンドウ、ワレモコウなど、草甸《そうでん》を構成する植物種は、最終氷期までに日本列島に渡った残存種である。[17]中国内陸部にある草甸は、イネ科植物と広葉草本が混生する湿原や草原で、低温と小雨で植生遷移が遅く、同じ植生が永い間安定している。しかし、それら草甸に自生する植物は、最終氷期以降、北上、拡大する照葉樹林や密生化した落葉広葉樹林の樹下では光合成を行うことができず、生き残ることはできない。この危機に瀕したこれら植物種群は現在までどうして生き延びてきたのであろうか？

これにはヒトの営みが大きく関わっていた。ヒトが日々の食料や燃料、肥料、雑貨、建材を得るために伐採や草刈りを繰り返してきたからである。さらに弥生時代に入っての水田稲作は、疑似「草甸」を持続的に維持し続けたことになる。言い換えると、水田は毎年の耕起でヤナギやヨシなどの高茎植物の侵入が抑止され、「沼」や「湿地」の代替えになった。「草甸」は、「沼」と「沼」の間に設けられた、定期的に草刈りが継続される畦や土手として確保された。ヒトは水田を造り、刈払いや火入れにより畦や土手を手入れする。牛馬が草をはむ牧場やヒトが屋根材を得るために刈採るカヤ場も同じである。ヒトは生活の糧を得るため継続的に植生遷移を逆行させてきたのである。草甸植物種の多くは、樹林化に立ち向かうため、これらの「沼」や「湿地」、「草地」、雑木林などに生育の場を求めざるを得なかった。水田や土手、畦、カヤ場や牧場、雑木林の林縁や伐採後直ぐの林床の植生が、疑似的な草甸環境を維持し、草甸植物の生育を支えてきた。これは里ビトの営みと連動し、昭和二〇～三〇年代まで続くことになる。時代は下るが、秋の柴草刈りを描いた江戸時代の絵図のなかにオミナエシやナデシコ、ハギなどの草花が群生して開花する姿が描写されている（図18）。これは、まさにヒトが

図18　焚き付けや牛馬の餌を得るため里山で柴草刈りする子供達

オミナエシやナデシコ、ハギなどの野草が群生し、搬出に使う天秤棒も描かれている。里山は尾根部にマツをみるだけで、斜面は刈敷や牛馬の餌の採取により草地になっている
土屋又三郎『日本農書全集26　農業図絵』(農文協）から引用

生活に要する柴草を定期的に刈取ることによって、これらの草花が個体群を継承してきたことを示している。

草甸を構成した植物のなかで、キキョウやオグルマなどのような草原性植物のなかには、近年、著しく減少し絶滅危惧種に指定された植物も少なくない。これには、化石燃料への転換による雑木林の放棄、さらに機械が入りにくく、高齢化が著しい山間地の水田放棄など、ヒトの生活の変化が大きく影響している。牛馬や人力で継続してきた荒起こしや代掻きなどの農作業、燃料や飼料の採取に伴う刈払いや伐採などの手入れは、植生遷移を逆行させ、草甸を構成する植物の生育環境を維持してきた。この手入れが停止したため、雑木林や草地の植生が遷移し、疑似的草甸環境が年々減少した。もちろん近年の除草剤による土手や畦の除草管理も大きく影響している。わが国に定着した草甸植物や春植物の多くは、ヒトの手入れによって個体群を継承できたといっても過言ではない。

史前帰化植物

縄文時代晩期から弥生時代にかけて、大陸からイネと栽培法を持って渡来したヒトは、その出発地域の植物を伴って入ってきた可能性が高い。前川文夫氏は、これに該当する可能性が高い植物として、イヌビエ、メヒシバ、イヌタデ、キカシグサ、ミズキンバイ、アゼナ、タウコギ、タカサブロウ、ヒデリコ、ヒメクグ、イボクサ、コナギなど、現在でも水田とその周囲に自生する植物種を挙げている。[52] 矢野宏二氏は、これらの植物のなかで水田雑草として取り扱う植物を一九一種、このうち各地の主要種になったものとしてコナギ、ホタルイ、クログワイ、オモダカ、セリなど二〇～三〇種を上げる。さらにこれらの植物種を食草とする昆虫については、水田と畦をあわせ一〇〇種以上を確認している。[53] 植物のなかにはコナギやセリのように、野菜や山菜としてヒトの食料になったものも含まれる。時代は下るが平安中期の宮中行事を記した『延喜式』

によると、芹と水葱（コナギやミズアオイ）を野菜として栽培したという。[54] これはヒトの栽培によって、これらの植物種が分布を広めた記録でもある。

モグラは、ミミズなどの餌を採るため農地の畦に穴を掘り進んで、畦を壊してしまう嫌われ者である。ヒガンバナの分布や生態を詳細に研究してきた有薗正一郎氏によると、この植物は、縄文晩期の時代から中国・長江中下流域より稲作技術とともに日本に渡来したという。[55] ヒガンバナの鱗茎にはモグラの嫌うアルカロイドと呼ぶ毒素が含まれるため、ヒガンバナが畦に根を張り鱗茎を作ると、モグラが寄り付かなくなり被害が抑えられた。また、ヒガンバナの鱗茎には豊富なデンプンが含まれ、アルカロイドを水で晒せばヒトの救荒食に回すことができた。さらに、この植物は、晩春から初秋に休眠して地上に葉を持たないため、初夏から収穫前までの畦草刈りによるダメージを受けない。最終の草刈りの後に花茎を伸ばして咲き、稲刈り後に葉を出し、晩秋から早春に光合成をして鱗茎を作り、また休眠する。このため水田稲作とうまく共存して増殖できた。人々は畦草刈りによって、このヒガンバナを育ててきたのである。日本に入ったヒガンバナは不稔性で種子を形成しない。鱗茎の分球だけで増殖するため、自力では広域に拡散できない。現在、積雪の少ない日本列島の平野部から丘陵部に広く分布するということは、ヒトが水田稲作を北進させる際などに、鱗茎を携え生育地を拡大させたと考えざるを得ない。九月中旬から一〇月上旬、西南日本の里地里山に赤い花を一面に咲かせる光景は、日本人の誰もが美しいと感じる秋の風物詩となっている。これを今に伝えてきたのは、まさに水田稲作や牛馬の餌、刈敷を採取するヒトの営みであった。

生物

ヒトの定住と稲作の拡大、北上は、これと共存する動植物の分布を拡大させた。山田文雄氏は、水田周りの土手・畦のほか刈敷や牛馬の餌を採取する草原に多い哺乳類として、モグラやノウサギの仲間、里山や農地に多いものとしてタヌキ、キツネ、ニホンアナグマ、家屋にすみその周辺の農地、溜池、河川で餌を採るものとしてアブラコウモリを挙げている(56)（表3）。浜口哲一氏は、水田に依存する鳥類として、サギ類やタシギ、タゲリなど、溜池ではカイツブリ、バンなど、雑木林と農地を利用するサシバやノスリ、モズを挙げている(57)。これらの哺乳類や鳥類は、農家や里地里山環境の増加に伴って分布を拡大し、その個体群を継承してきたといっても過言ではない。

西村三郎氏は、ヒトによって分布を拡大した魚類として一三種を挙げている(58)。このうち作為的な放流や上流域に棲む種を除いた、モツゴ、カマツカ、ニゴイ、ヤリタナゴ、コイ、ギンブナ、ドジョウ、シマドジョウ、ナマズの九種に対し、つぎのように述べている。約六〇〇〇年前の縄文海進以後、温暖化に伴う雨量の増加などにより、低地に沖積平野が発達した。水田稲作を行い、これを拡大するためヒトが河川の水路を付け変え、溜池を築き、運河や水路を張りめぐらせた。これらの魚種は、この稲作の拡大と歩調をあわせ、北方へ分布を拡大した。自力では越えられない飛騨山脈のほか赤石山脈を結ぶフォッサ・マグナ帯をも越えたのである。これにはヒトによる運搬が伴っていた可能性が高い。かくして水稲技術と水田の北進によって、これに共存しうる魚種が本州北部へと分布を広げていった。もちろん、コイ、ギンブナ、ナマズ、ドジョウなどの魚種はタンパク源としても重要な魚であるから、ヒトが水田の拡大先に意識的に持ち込んだことは至極当然である。近藤高貴氏は、水田や灌漑用水路に定住する生物としてタニシやモノアライガイ、ホウネンエビ、カブトエビ類などを挙げ、水田や灌漑用水路を繁殖地とする魚類に、ナマズ、ドジョウ、メダカ、コイ、フナ類、スジエビなどを挙げている(59)（表3）。

これらの生物は水田とこれに付随する溜池や用水路の拡張に伴い、分布を拡大したことが明らかである。

河川や湖沼と連続させ灌漑用水として導水し、余剰を排水した水田では、これらの淡水魚が繁殖などのために河川とのあいだを行き来できた。彼らにとっても、湛水中の水田内はほとんど流れもなく水温も高く、堆肥や刈敷、肥料の投入によって栄養分に富み、プランクトンが豊富に発生したので、産卵と孵化した稚魚の成長にはうってつけの環境条件にあった。

守山弘氏によると、最終氷期までに日本列島に入ったトノサマガエル、トウキョウダルマガエル、ヌマガエル、メダカは、水田が里山や山地の奥深くまで切り開かれていくに伴って、自力で分布を拡大したという[60]。このほかにヒトがイネ苗を運搬する際に、卵が苗に付着するなどして脊梁山脈を越えたという。イネ苗に鳥獣害や冷害などが発生した場合、補植用の苗を婚姻した嫁の実家との間で補完し合うことが多かった。この時、嫁ぎ先と実家との間をカエルやメダカの卵が付着した苗が峠を越えて行き来したというのだ。このような経緯もカエルの分布の拡大に寄与していった。トノサマガエルは無類の水田好きである。著者が営む伝統的稲作による三〇〇㎡の水田は、最多記録では約二七〇〇頭の子ガエルを育み、天敵の捕食により個体数は減少するが、秋口までは畦や水田内、周囲の草地に固執して暮らす[36]。トノサマガエルと水田とは切っても切れない仲にあると言っても過言ではない。松井正文氏は、里地里山を生息の本拠地とする両生・爬虫類として、ニホンヤモリ、ニホンスッポン、アカハライモリ、ヒキガエル類、ニホンアカガエル、トノサマガエル、クサガメ、ニホントカゲ、アオダイショウ、シマヘビなどを挙げている[61]（表3）。これらの生物も、稲作を伴う里地里山の進展に伴って分布を拡大した。

日浦勇氏によるとイチモンジセセリの幼虫は食草にイネを好むという。日本列島における水田の拡大と北進が、このチョウの分布圏を北上、拡大させた可能性があるとしている[62]。上田哲行氏は、水田の代表的なトンボとしてカトリヤンマ、シオカラトンボ、アキアカネ、ナツアカネなどを挙げ、特にアキアカネは水田という繁殖に適した環境条件の増加によって著しく個体数の多い種になったと述べている[63]。かつて氾濫原や湿原の水たまりなど、限られた場所でだけ生息していたアキアカネやノシメトンボ、シオカラトンボ、ギンヤンマなどの止水性のトンボは、繁殖地である水田の拡張や、水田に入れる水を確保する溜池の増設により爆発的に増殖したのである。また、日比伸子氏らは、水田と溜池の拡大は、それぞれの環境を使い分けて生活するタガメやガムシ、ミズカマキリなど、水生昆虫の分布拡大を支えたという[64]。

さらに日鷹一雅氏は、一九五〇年代、水田で確認された水生昆虫などの節足動物は、あわせて四五〇種に上るという[65]。これらの昆虫のなかにはショウリョウバッタ、オンブバッタ、エンマコオロギ、コカマキリ、オオカマキリなどように草原性の昆虫が含まれ、水田を取り囲む外壁ともいえる土手や畦の面積拡大、さらには水田に使う肥料として投入する刈敷や、屋根に使う草本を採取するカヤ場の形成に伴って増殖していったとみられる。さらに、カブトムシも、雑木林を萌芽更新させ、落葉落枝で堆肥を作るヒトの営みによって生息地を拡大し、その環境は、ヒトが薪を採り田畑に堆肥を使う営みを継続することによって、維持管理された。幼虫は落葉落枝などの堆肥で育ち、成虫はクヌギやコナラの樹幹にしみ出す樹液を餌にする。カブトムシは雑木林の萌芽更新による薪や柴などの燃料と、肥料の再生産システムの広まりに伴って分布や密度を拡大した。

さらに石井実氏は、大阪周辺の里山で見られる主なチョウとして、エノキ、クヌギやコナラなどの二次林構成種を食樹とするテングチョウやオオムラサキ、アカシジミ、ミズイロオナガシジミ、ササ類やスミレなど草原性植物を食草とするサトキマダラヒカゲやミドリヒョウモンなどを挙げている[66]（表3）。これらの昆虫もカブトムシなどと同じように、ヒトによる燃料採取に伴う雑木林の拡大、刈敷や牛馬の餌の採取に伴う草原の拡大に歩調を合わせ、分布を広げていったものと考えられる。

表3　主な里地・里山の生物

	生息環境	主な餌
アズマモグラ	低地から山地。農地や草地を好む	昆虫、ジムカデ、ミミズ等
コウベモグラ	低地から山地。農地や草地を好む	昆虫、ジムカデ、ミミズ等
ヒナコウモリ	森林、家屋	夜間飛翔昆虫
アブラコウモリ	屋敷、周辺の農地、溜池、川で採餌	夜間飛翔昆虫
ハタネズミ	農地	植物
タヌキ	低地森林、農地	植物、昆虫、両生類、鳥、哺乳類等
キツネ	森林、農地	ネズミなど哺乳類、鳥、昆虫、植物
ニホンテン	低地森林、農地	ネズミなど哺乳類、鳥、昆虫、植物
アナグマ	低地森林、農地	動物質を中心とした雑食性
ニホンジカ	低地森林から山地	草食性
イノシシ	低地森林から山地	草食性の強い雑食性
生息地区分	**鳥類**	
水田・畑 河川・湖沼	アマサギ、チュウサギ、コサギ、ヒクイナ、タマシギ、タシギ、タゲリ、モズ カイツブリ、バン、ダイサギ、ササゴイ、ヨシゴイ、ゴイサギ、カワセミ マガモ、ヒドリガモ、ヨシガモ	
雑木林	サシバ、オオタカ、ノスリ、ハチクマ、フクロウ、アオバズク ホトトギス、カッコウ、ヤブサメ、センダイムシクイ、キビタキ、オオルリ、イカル メジロ、シジュウカラ、エナガ、ヤマガラ、ウグイス、カケス、アカハラ、シロハラ	
林縁・低木林等 草原	ビンズイ、ジョウビタキ、シメ、アオジ、カシラダカ、ルリビタキ キジ、ヒバリ、セッカ	
生物区分	**生物種**	
両生類	**トウキョウサンショウウオ**、**トウホクサンショウウオ**、**クロサンショウウオ**、**カスミサンショウウオ**、ニホンヒキガエル、アズマヒキガエル、**ニホンアマガエル**、**ニホンアカガエル**、**ヤマアカガエル**、**トノサマガエル**、**トウキョウダルマガエル**、**ツチガエル**、**ヌマガエル**、**シュレーゲルアオガエル**	
爬虫類	クサガメ、ニホンイシガメ、ニホントカゲ、ニホンカナヘビ、ヤマカガシ、ヒバカリ、アオダイショウ、ジムグリ、シマヘビ、ニホンマムシ	
魚介類	**ナマズ**、**ドジョウ**、**メダカ**、**コイ**、**フナ類**、タモロコ、タナゴ類 **タニシ類**、モノアライガイ類、イシガイ類、シジミ類 **スジエビ**、**ホウネンエビ**、**カブトエビ類**、**カイエビ類**	
チョウの食草	**チョウの種類**	
クヌギ・コナラ	アカシジミ、ウラナミアカシジミ、ミズイロオナガシジミ、オオミドリシジミ、ミヤマセセリ	
エノキ	テングチョウ、ヒオドシチョウ、ゴマダラチョウ、オオムラサキ	
ササ類等タケ科	クロヒカゲ、ナミヒカゲ、サトキマダラヒカゲ、オオチャバネセセリ、コチャバネセセリ	
スミレ類	ミドリヒョウモン、メスグロヒョウモン、	

カンアオイ類（ギフチョウ）、スイカズラ、タニウツギ等（イチモンジチョウ）、サルトリイバラ、ホトトギス等（ルリタテハ）、ヤナギ類（コムラサキ）、イボタ等（ウラゴマダラシジミ）、ツツジの花蕾（コツバメ）、マメ科の花実（ウラギンシジミ）、ササのアブラムシ（ゴイシシジミ（肉食性））、クロオオアリと共生（クロシジミ）等々　※植物等は（　）内のチョウ種幼虫の餌

※㈶日本自然保護協会編『生態学からみた里やまの自然と保護』（講談社サイエンティフィク）に掲載された山田文雄「哺乳類からみた里やまの自然」、浜口哲一「鳥類からみた里やまの自然」、藤高貴「魚類・貝類・甲殻類からみた里やまの自然」、松井正文「両生・爬虫類からみた里やまの自然」、石井実「里山林の生態学的価値」から編集引用

※**太字**：水田を繁殖地とするもの

水田稲作の拡大によって生物が分布を広げたことは、弥生期の遺跡から発掘される昆虫化石を見れば明らかである。森勇一氏によると、イネを中心に加害するイネネクイハムシやイネノクロカメムシの昆虫化石が、静岡県の池ヶ谷や角江、大阪府の志紀など、弥生時代後期以降の遺跡で多産するという[67][68]。前者は日本全土、中国北東部、長江流域、韓国などに、後者はアッサムから中国、朝鮮南部から日本の西南部に分布する。同じ時期の遺跡では、地上を徘徊してイネの食害昆虫を捕食するヤマトトックリゴミムシなども発見される。これらの昆虫化石は当時水田稲作が実践されたことを指標する昆虫である。また、遺跡からセマルガムシ、マメガムシ、ガムシなど水田内に繁茂した水生植物を食べる昆虫、さらには、小昆虫や小魚、両生類を捕食する肉食性のゲンゴロウやヒメゲンゴロウなどの昆虫化石が発見されている。これらの昆虫は今でも無農薬水田や溜池など水田稲作に関わる環境で確認される。化石昆虫の分析によってイネを加害する一次消費者とこれらを捕食する二次消費者、高次消費者が発見されたことにより、当時の水田には食物連鎖に基づく生態系が形成されつつあったことを示唆している。

また、弥生時代以降の堆積物からは、クワハムシやヨモギハムシなど、陽地に生育する草本植生に依存する昆虫や、二次林の樹葉や栽培果樹や作物を食べるヒメコガネ、マメコガネ、ビロウドコガネなどの昆虫化石が多産し、縄文時代とは組成を異にするという。これらのことは、弥生時代以降、ヒトの介在した二次植生に依存する昆虫相が成立していったことを示している。このような昆虫相の変化は、取りも直さず、水田稲作と建材・燃料の採取を伴うヒトの定住によって、日本列島に里地里山が形成され、拡張、北進していったことを意味する。

日本列島に稲作や里山が広がったことにより、渡りとしての行き来を毎年確実に行うようになった生物種も多数存在すると考えられる。例えば、サシバは毎年初夏になると東南アジアから日本に飛来して営巣する。

主な餌は谷戸水田のヘビやカエル、昆虫類である。営巣地は里山のマツなどの樹冠である。また、ツバメは東南アジアから中国、黄海沿岸を北上し、春から初夏にかけ水田の泥を巣材に軒先などに営巣する。餌として田畑、溜池、小川などに飛ぶ小昆虫を食べる、まさに「害虫」の天敵である。冬季に朝鮮半島から南下するナベヅル、マナヅルもそうである。日本列島での主な越冬場所は水田地帯である。[69][70] もちろんサシバやツバメと同様に、水田はツルにとっても欠くことできない重要な生息環境になっていった。列島に水田稲作が広まらず里地里山が育たなかったすれば、これらの生物にとって良好な餌場や繁殖地を事欠くことになったはずである。

第4節　里地里山文化の展開

古代から近代、昭和二〇～三〇年代まで、わが国では徹底循環型の里地里山生活が展開した。昭和二〇～三〇年代までの徹底循環型の里地里山生活の詳細は下巻を参照されたい。[36] ここでは、その基礎となった古代・奈良時代から近世、近代初頭に至る里地里山の展開過程を概観する。

1―人口増と水田面積の拡大

水田稲作の列島における導入と拡大は、自然環境と共存しつつ、食料や燃料等、生活に要する資源を再生させて使う循環型社会の基礎を築き上げていった。そこで、弥生時代から昭和三〇年代までの人口と水田面積、米の生産量の推移をみると、水田面積は奈良時代末から平安時代には一〇〇万haを超え、米の生産量は一〇〇万t前後に達した。[32][71] また、江戸中期には面積が一六〇万ha、米の生産量が三〇〇万tとなり、明治初期には面積が二五〇万ha、米の生産量が四七〇万tにもなった（図19）。そして人々の定住と水田面積の拡大によって、人口は着実に増加した。

弥生時代に五九・五万人であった人口は、奈良から平安時代には四五〇万人、沿岸部の干潟などに新田が開発された江戸時代末期には三〇〇〇万人を超え、昭和一〇年代に入ると水田面積は三〇〇万ha、生産量は九五〇万tを達成し、人口は七〇〇〇万人を突破した。

図19　弥生時代から昭和に至る稲作の拡大と人口増加との関係

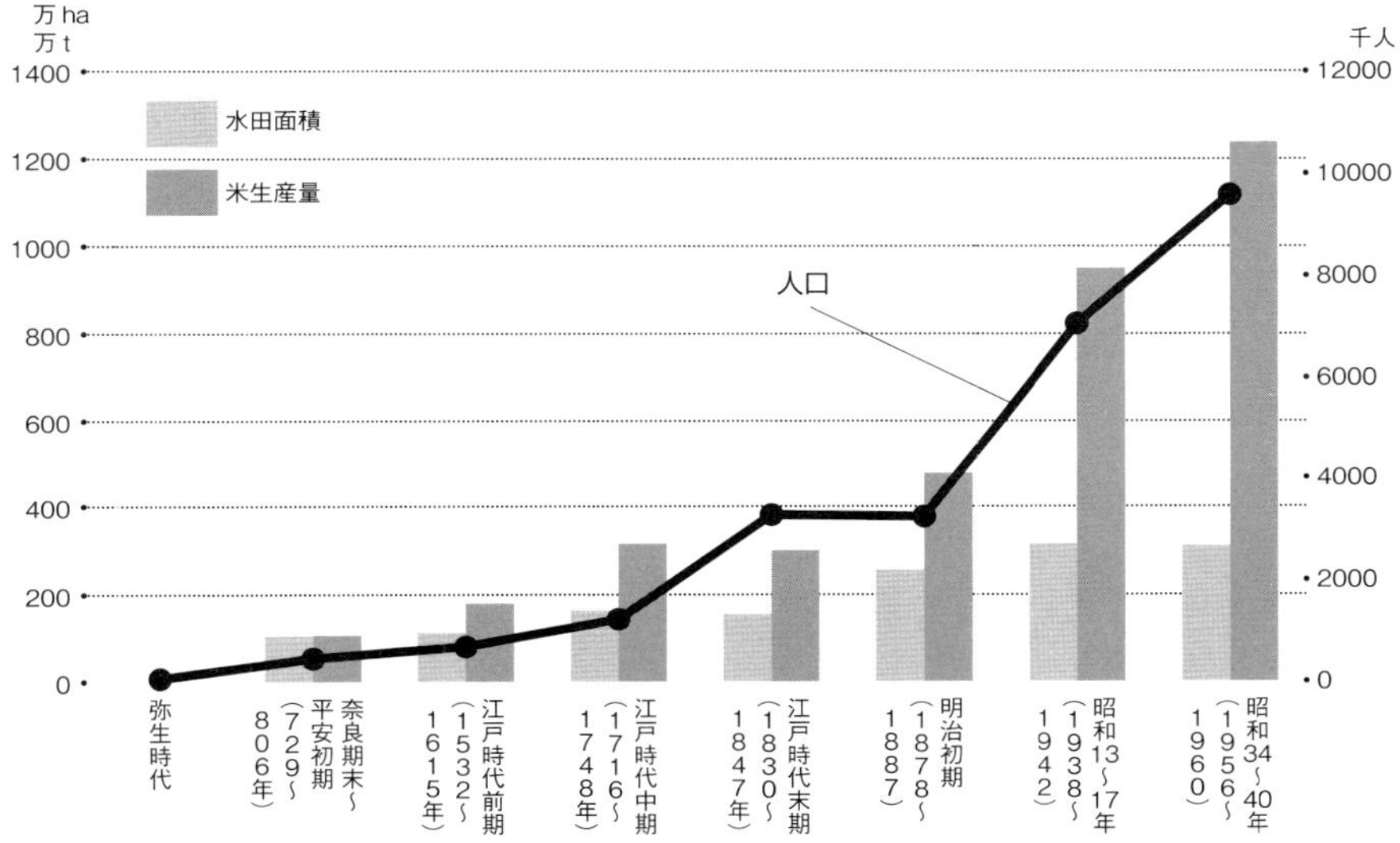

※年代別人口：鬼頭宏『人口から読む日本の歴史』講談社学術文庫から引用
※水田面積・米生産量：三土正則「水田土壌」、『日本の土壌ー土壌の生いたちとその荒廃をめぐってー』アーバンクボタ No.13から引用

米は、人々の主食となりつつあった奈良時代から江戸時代にいたるまで、税金である「租」や「年貢」であった。租は古代律令国家における租税であり、「口分田《くぶんでん》」の収穫量に対し三〜五％といった具合に米を納付させた。口分田とは国家が国民に土地を給付し収穫の一部を国家に納めさせた水田である。[72]米は、お金でもあり、増産し売買し流通させることによって、わが国の経済や社会の成立と発展を牽引してきた。江戸時代に入ると、幕藩体制の財政基盤を固めるため石高制と呼ぶ米本位制度が導入された。この石高制の経済社会では、藩の規模から武士の手当に至るまで、すべてが米の生産能力（石高）で表され、これを基準に年貢が課税された。このような税制によって各地の領主は、農民から年貢米を徴収し、自家消費分を差し引いた米を販売し、その代金で運営に要する物品を購入するようになった。これが経済社会の形成を促し、慶長年間になって本格的な貨幣経済に移行して

いく。奈良時代にはすでに「和同開珎」や「皇朝十二銭」等の貨幣が存在したが広くは流通せず、永きにわたって水田で生産される米が貨幣の役割を代替してきた。米は食料であると同時にお金でもあったから、水田の拡大が進むのは当然であった。

渡来人が九州北部に稲作を伝えた弥生時代の初め、稲作は水の便が良く肥沃な低湿地で営まれた。しかし、その後、氾濫による被害を受けにくい中小流域の後背湿地や、里山丘陵地の谷戸に棚田が造られていった。さらに奈良時代、律令政府は「三世一身法」(七二三年)を公布し、開墾した水田に対し開墾者から三世代までの私有を認めた。そして次には自分で開墾した水田の私有を永代認めるという「墾田永年私財法」(七四三年)を施行し、食糧増産を進め、徴税による政権運営を図った。これらの施策によって米を始め農産物の生産量が増加する。墾田永年私財法等の法令は、豪族や有力社寺の水田開発を加速させた。これに伴って国家や地方の役所、豪族などが「租」として収奪した作物のうち、余剰分が備蓄に回され、ヒトを養う支配者と被支配者が生成されていく。平安時代になると、さらにヒトの階層分化が進み、平野部を中心に荘園など、大規模な稲作が経営されるようになる。

所有者が土地の所有権を主張するためには、その境界を画定する必要がある。奈良時代中期頃から統一的な土地表記法である「条里制」が制定され、その後、荘園制とともに運用されることになる。この制度では一町(約一〇九m)四方の碁盤目を一区画とし、この基本単位一区画を「坪《つぼ》」や「坊《ぼう》」と呼んだ。水路や道、溜池もこれに合わせて整備された。この一町四方の「坪」を縦と横方向に六個ずつ並べた区画(六町四方)を「里《り》」と呼び、五〇戸で構成した(後に里を郷《ごう》と改める)。「里」は土地所有者が墾田の権利を主張し管理しやすくするため、この「里」に沿って水田を整備し、次第に大規模な条里地割が形成されるようになった。この条里制は奈良盆地を始め全国に広がった。

新田の開発は、その後も続く。日本列島が今日へ大きく飛躍するのは室町末期から江戸中期に及ぶ治水を伴う大規模な新田開発である。治水には霞堤《かすみてい》注7や乗越堤《のりこしてい》注8で水に逆らわず洪水を受け入れて治めるという、自然との共存思想があった。

鎌倉、室町時代を経て、江戸時代に入ると、甲州流などの治水技術の進歩もあって、水田地帯は大河川の平野部から、海岸の干潟などの干拓によって海にも広がって行った。甲州流の治水と新田開発では、遊水池と河川の蛇行によって洪水時の水量を分散させて下流の洪水被害を軽減し、灌漑用水は本流河川から分流させて水田に引き込み、余水は支流から本流へ排水する方式であった。紀州流では堤防を強化し、河道を直線化することによって洪水の流下速度を高め、曲流部の旧河床や旧氾濫原の新田開発を促した。引き込んだ水は、いずれの方式であれ次々に下方の田に落ち、何度も何度も無駄なく使われた。

川や水などの自然環境史を研究する富山和子氏は、近世における水田開発を川の歴史から次のように整理している。[(29)] それによると、奈良盆地の水を一手に集め大阪湾に注ぐ大和川は、江戸時代まで淀川の支流であった。大和川が奈良盆地より流れ出る唯一の出口は、生駒山地と金剛山地の端が向かい合う峡谷部「亀ノ瀬」である。この難所を通った水は、和泉山地から流れ出す石川の水と交わり、河内を北流して淀川に向かった。このため、現在の大阪平野の中心部は、古墳時代から中世まで、北東から流れ込む淀川と北流する大和川水系の水が合流する湖（河内湖）や湿地帯であり、大雨のたびに出水し土砂が流入して農地がのみ込まれた。都に近いとはいえ、このような状態にあったので、仁徳天皇の時代から水処理に苦心した歴史がある。『日本書紀』にあるように淀川には日本最初の堤防である茨田堤が造られ、延暦四年（七八五年）には淀川の排水を促すために三三万人を投じ、上町台地を開削し洪水を海へ出す大工事に挑戦する。しかしこれも失敗に終わる。大阪市天王寺区四天王寺の南西五〇〇m前後の位置に、その跡の一部とみられる「川底池」が今でも残存する。大和川が現在のように大阪市の南端を流れ堺の海に注ぐようになるのは、それから約一〇〇〇年後、宝永元年（一七〇四年）からのことである。この大和川の付け替えは、中甚兵衛ら、河内や讃良《さらら》（現在の寝屋川や四条畷市辺り）、若江、茨田の村々の代表らによる嘆願と、新しい川筋に住む農民の猛烈な反対を治めての末に実現された。これによって大阪平野に広大な新田が開発され、近代における経済発展の素地が形成されたのである。

ついで関東平野について富山氏はつぎのように論究した。中世から近世初期までは荒川や利根川、渡良瀬川などの洪水流が氾濫する不毛の低湿地であり、利根川は天正一八年（一五九〇年）、徳川家康が入幕するまで現在の江戸川、中川筋を流れ江戸湾に注いでいた。家康の命を授かった伊奈家三代が六〇余年を要し、幾度もの流路変遷を経て完成させたのが銚子から太平洋に注ぐ現在の利根川であった。江戸川を開削し荒川の河道を西に寄せ、現在の関東平野のかたちが生まれる。この利根川と荒川の跡には灌漑用水の大動脈となる「葛西用水」と「見沼代用水」が造られる。葛西用水は利根川や荒川の旧河道の自然地形を利用して造られ、低地を潤した。水位の低い場所では堰なしでも取水可能な独特の「溜井」を設けて配水した。葛西用水完成後六〇年目の享保一二年（一七二七年）になると、新田開発を勧める徳川吉宗が、紀州から招へいした伊沢弥惣兵衛為永によって見沼代用水が開削され、幹線だけでも九六㎞におよんだ。この用水は水源の見沼を干拓し、その代わりに利根川から導水したので、その名がある。葛西用水は旧河道で低地を潤したのに対し、見沼代用水は、元荒川との交差部ではサイフォンの原理で立体交差の「伏越し《ふせご》」により水を送り、綾瀬川の交差では水路橋である「掛渡井《かけどい》」により渡した。これによって、それまで利水がなかった高台をも灌漑した。河川の付け替えによって乱流する水をまとめて資源に変え、用水路によってその水を無駄なく何枚もの新田に配り、さらに下々の水田へと幾度も幾度も繰り返し使った。また、余剰水は葛西用水を補い別の地域を潤した。

まさに利根川の付け替えと用水路の整備が、関東平野に豊穣の農地を生み出す基礎になった。このほか新田開発は、大阪平野や新潟平野、伊勢湾の木曽川や庄内川の川筋、佐賀県有明海の干潟干拓等々全国津々浦々に及んだ。佐賀藩は慶長一八年（一六一三年）に四八万石であったが、正徳年間（一七一一〜一六年）には六七万石と一〇〇年間に二〇万石増加した。また、この時代に柳川藩の新田は二〇〇〇町歩に達した。これらの新田開発の動きは全国の平野、干潟に広がる。先に述べたようにわが国の水田面積は江戸中期の一六〇万haに対し、明治初期には二五〇万haに達し、米の生産量は約一・五倍の年間四七〇万tにも達する。この増産には江戸後期の新田開発が大きく寄与している。

江戸時代頃までの水田面積の拡大は、里地里山の生態系と暮らしが全国的に広まることでもあった。地上の有機物だけで燃料や肥料などの生活資材を循環させ、ヒトの生活を支えた。また、水田面積の拡大は自然を破壊するということではなく、環境容量の範囲内での行いでもあった。このことは、後述の鷹場の保護施策が環境保全の下支えになったこともあり、江戸という一〇〇万人都市の近郊においてもトキやコウノトリが生息し、タンチョウヅル、マナヅル、ナベヅルなどのツル、ヒシクイやサカツラガン、カリガネ、ハクガンなどのガンが多数飛来し得たことからも理解される。これらの鳥の多くが、当時の開発で広がった無農薬無化学肥料栽培の水田を餌場の一部として利用することができた。松森胤保は『遊覧記』のなかで、コウノトリが元治元年（一八六四年）には浅草観音、翌年には五百羅漢寺で営巣したこと、これが明治初めまで続いたと記している。[60] また、『武江産物誌《ぶこうさんぶつし》』（一八二八年）はトキの生息地として千住を挙げている。これらのことからも当時の新田開発は、生態系を崩壊させた昭和三〇年代以降の「圃場整備事業」とは全く異質なものであったことが理解される。

2　肥料と米の生産

刈敷《かりしき》

イネを栽培する肥料は今では化成肥料が普通である。しかし、稲作導入期の弥生時代には何を使っていたのであろうか？　弥生後期の遺跡から、水田に草を肥料として施す「刈敷」の形跡が発見されている。さらに奈良時代から平安時代に編纂された『播磨風土記』、『太神宮儀式帳』にある「苗草」は、この刈敷に相当すると考えられている(45)。刈敷は、第一次世界大戦後、硫安や石灰窒素などの化学肥料が普及し始めるまで、人糞尿を発酵させた下肥や、家畜糞尿とワラなどを混ぜ合わせて発酵させた堆肥とならび、イネの主要肥料として、わが国の食料生産と人口増を牽引してきた（図20）。

この刈敷は、毎年、里地里山から草や木の若葉を採取し、これらを代掻き時に人力によるか、牛馬に踏ませて田土に鋤き込む。このため、水田には広大な草刈り場を必要とした。近世林業史の研究者である所三男氏によると、信濃国松本藩領の村々では、近世中期、草刈り場は水田面積の一〇倍以上必要であったと推定している(73)。乱暴ではあるが、この数値を全国に適用した場合、当時の水田面積が約一六三万haであるから、本当に十分な収穫を得るためには全体でおよそ一六〇〇万haの刈敷採取地が必要だったことになる。この面積は国土の約四〇%に相当するので、実際にはこれ以下としても、国土の何割かに当たる広大な面積の草刈り場を要したことは間違いない。

第1章で紹介した植物の利用史を研究する有岡利幸氏によると、飛鳥時代（五八五～六九四年）、現在の奈良県明日香村飛鳥の山ではすでに谷戸に棚田が造られ、山野から採取した刈敷などを肥料に稲作を行い、里山が形成されていた(43)。七世紀後半に入るやその里山では、過度な草木の採取を継続したため、草山もしく

図20
刈敷や牛馬の餌を得るため
里山で草を刈り搬出する農民（江戸中期）
金沢城下の里地・里山、農村を描いたものである
土屋又三郎『日本農書全集26　農業図絵』（農文協）から引用

は禿げ山に近い状態になっていた。『日本書紀』にみえるように、天武五年（六七六年）、天皇が飛鳥の「南淵山」や「細川山」などに自生する草木の採取や野焼きを禁じる勅を出すほどであった。天皇が禁伐させた里山は、宮都と定めた飛鳥浄御原の上流にあり、出水の際に被害を与える可能性がある場所である。当時都が置かれた飛鳥では宮殿寺院の建築材、燃料、水田の肥料である刈敷などを、背後の飛鳥川流域に求めた。これは里山における植生の再生力を超える過度な需要であった。

　このあと六九四年に持統天皇は都を飛鳥から藤原京に移した。藤原京は飛鳥中心部から北西に三km弱の距離にある。この時、周辺ではすでに大径の建築材は枯渇し、直線距離で五〇kmも離れた近江の国、太神（田上）山に求めざるをえなかった。この山は標高五九九m、現在の大津市の南にある。伐採したヒノキなどの木材は宇治川へ流し、淀から木津川を遡上させ木津で陸揚げした。そして奈良坂を陸路で運び、佐保川に流して都へと搬送した。この藤原の都もわずか一六年後の七一〇年に平城京に移された。このような都の短命さには、周辺における燃料となる薪柴や刈敷などの枯渇、過伐によって発生する流域内での出水被害の影響が察せられる。

　正倉院文書には東大寺や石山寺、延暦寺造営にも太神山の材が使われたと記されていることから、この山塊一帯には鬱蒼と茂ったヒノキなどの林が広がっていたものと考えられる。しかし、その豊富な森も天武天皇の時代に入ると早くも過伐状態に陥った。

家畜糞尿による堆厩肥

市川健夫氏によると、奈良時代には唐から牛に曳かせ耕耘する道具である犂《すき》が伝来し、近畿などでは、すでに当時から水田の耕起に使用されたという(74)。平安初期発刊の『延喜式』には全国二二の国々から牛の生乳で作られた蘇[注9]が朝廷に貢納されており、牛革や牛角とともに全国的な特産物になっていた。また、『延喜内膳司式』の耕種園圃の条によると、当時、宮中の畑であった「園」では耕耘に使う牛を一一頭飼育したとある。これらの牛の糞尿は、捨てることなくワラなどを混ぜて発酵させ、田畑の堆肥に循環させていたものと推定される。また、人糞尿を発酵させた下肥のほか、糠や落葉落枝、芥《あくた》、「はしか[注10]」、煤萱、掃きだめなどを集めて土と切り混ぜ人馬に踏ませた踏土、用水路や下水溝の泥をさらった土肥などの肥料が田畑に導入されていた。時代は下って近世、近代、昭和二〇～三〇年代に至るまでこのシステムが続く(図21)。

馬が多い信濃国や越後国、それに牛が多い播磨国などの資料から、江戸時代中期の農家の飼育頭数を推定すると、牛と馬を問わず三～四戸に一頭の割合で飼育していた(75)(76)。牛馬ともに、それぞれ一頭当たり年間七五〇〇～一一二〇〇kgの堆肥を生産するので、農家一戸当たりに換算すると堆肥は二〇〇〇～三〇〇〇kgになった(45)。

図21　厩肥などを水田の元肥に施用する農民
前掲『日本農書全集26　農業図絵』(農文協)から引用

図22　大正から昭和に至る肥料としての人糞尿と堆厩肥の年間使用量の推移
※農水省『昭和34・35年農産年報』データから作成

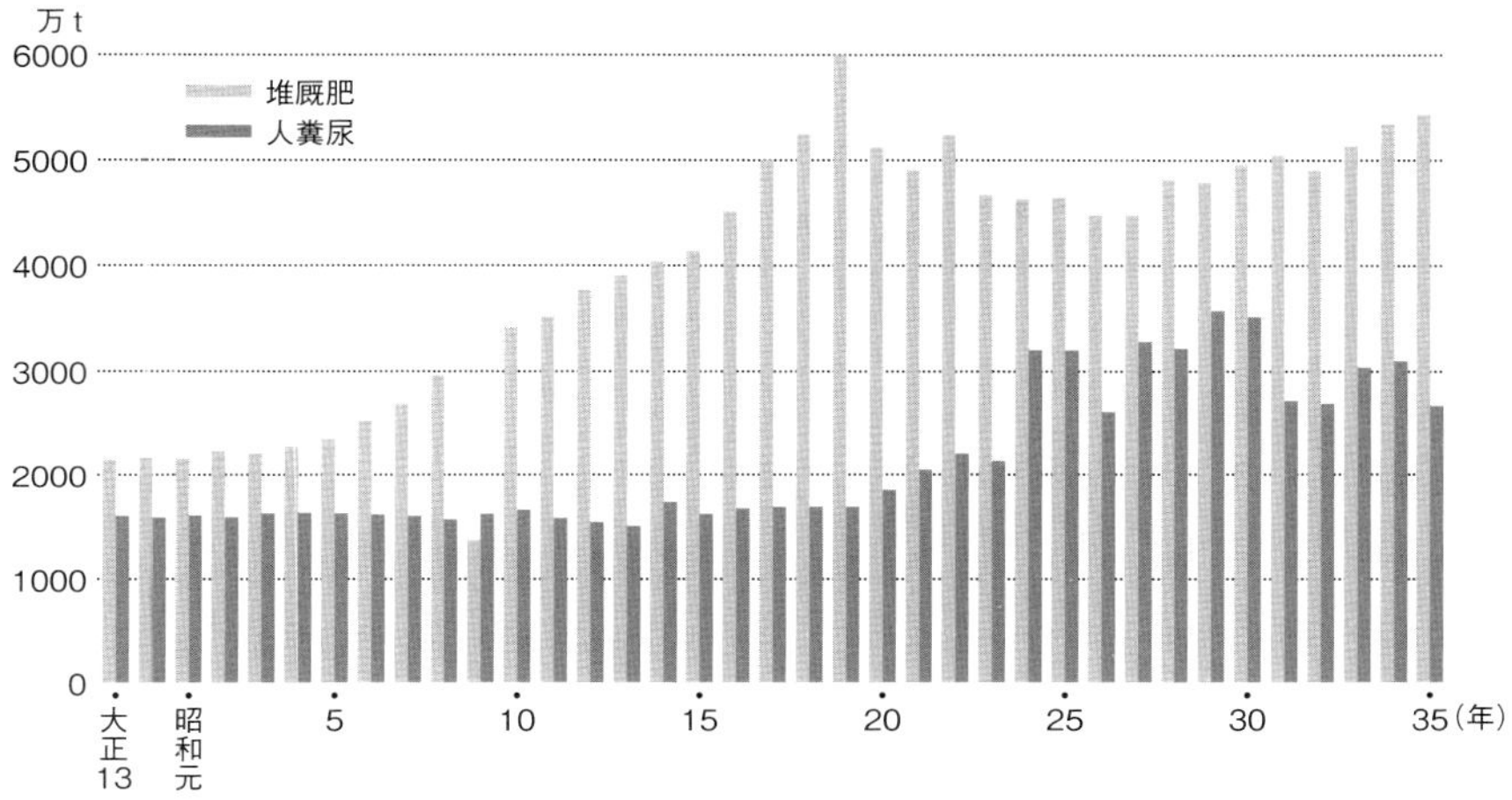

家畜の糞尿とワラなどの有機物を発酵させた堆厩肥の利用は、明治、大正期から本格化し、全国の年間施用量は、大正時代から昭和八年頃には二〇〇〇万tから三〇〇〇万tに達した。さらにその後の食糧増産策によって急増し、昭和一〇年代後半から三〇年代の年間施用量は、五〇〇〇万から六〇〇〇万tと倍増した[77](図22)。

人糞尿による下肥

一八四〇年(天保一〇年)、農業の基礎を説いた佐藤信淵は、『培養秘録』のなかで「人糞ハ・・・・作物豊熟ノ功ヲ充満セシムルコト、世界第一ノ肥養トス。」と述べている。人糞尿を発酵させた下肥は、どの程度、産出したのであろうか?

大人と子供一人が一年に排泄する人糞尿は、それぞれ、生重で約七〇〇kgと二五〇kgである[45]。図19(63頁)に示した年代ごとの推定人口から算出すると、平安時代には年一〇〇〜三〇〇万t、江戸時代末期には年八〇〇万〜二二〇〇万tに達していたことになる。これらすべてが下肥に回された記録はないが、江戸時代にはいると、農民が不足した下肥を市街地に買い出しにいくなど、少なくとも農家で産出した人糞尿は、ほぼ全量が下肥として田畑の肥料になったものと考えられる。

農村・都市史を研究する渡辺善治郎氏は、農家の人糞尿入手の有様について、次のように述べている。[78] 幕末頃、四谷あたりにあった十二軒長屋の屎尿汲み取り料は、一年で五両も要した。当時の米の価格が一石（約一五〇kg）一両ほどであったので、農家が支払う人糞尿の代金は米五石（一二・五俵）に相当し、一軒当たり約一俵となった。武家や町屋でも人糞尿を売り、野菜などと交換した。大人一人分が年ダイコン五〇本、ナス五〇個ほどに相当した。武蔵国葛飾郡笹ヶ崎村（現江戸川区）では、反当、水田には三〇荷、畑には六〇荷の下肥を施した。人糞尿は江戸から買い求め、代金は三両一分にもなった。一荷は二斗、約三六ℓで、水田に与える三〇荷分だけでも、その量は一〇八〇ℓにもなった。『農業図絵』には、水田のイネやムギの追肥に下肥をまく農民の姿や、自家用で不足する下肥を求め野菜と肥桶を担いで市中へ出かける農民の姿も残されている（図23、24）。

図23　水田の追肥に下肥などをイネに与える農民

前掲『日本農書全集26　農業図絵』（農文協）から引用

図24　金沢郊外、集落へ下肥を求め野菜と肥溜めを担いで行く農民

木桶の片方に下肥と交換するダイコンなどを下げている。屋敷はすべて質素なワラ葺き屋根である

前掲『日本農書全集26　農業図絵』（農文協）から引用

明治期の肥料経済を研究した田中愼一氏によると、明治一七年、東京市域一五区の人口は約九〇万人あり、その下肥は年間約三六万tに達したという。『東京史稿』などの当時の記録によると一日当たり運搬には人夫四九三〇人、車輌二四六五輌を要し、二万二〇〇〇桶余を搬送した[79](表4)。下肥の経済価値をみると、一人一年の肥溜め掃除代金は二五銭である。これに九〇万人分をかけ算すると二二万五〇〇〇円になる。さらに人糞尿を下肥に熟成するための費用、三五万九八九〇円を加えると五八万四八九〇円になった。近郊農村の購入希望者に売却する商品価値を加えると、少なく見積もっても六〇万円以上になったという。田中氏は、当時の旧一円は現在の貨幣価値に直すと約三万円相当になるとしている。『物価の文化史事典』(森永卓郎監修　展望社)によると、東京の公立小学校教員の初任給は、明治一九年は月五万円、平成一六年は一九万八〇〇〇円であるので、旧一円は現在の価値に直すと三万九六〇〇円となる。田中氏の上げる価値よりもかなり高い値が得られる。旧一円の現在価値を三万円としても、旧六〇万円は約一八〇億円にもなる。当時の近郊農村は東京市で集まった下肥に、現在価値で約一八〇億円もの金額を支払っていたのである。

表4　東京15区の下肥経済（明治17年）

	1ヶ年	1日当たり
糞尿の重量（容量）	81,000,000貫目（約30万3750トン）	211,917貫目（約989トン）
汲取桶数	81,000,000桶（1桶につき糞尿10貫目入の見積り）	22,191桶
運搬車数	900,000輌（車1輌につき糞桶8個積み）	2,465輌
運搬人夫数	1,799,450人（車1輌につき人夫2人）	4,930人
人夫賃	359,890円（1人1日賃金平均20銭の見積り）	986円

※東京府文庫『明治十七年　神田區市街衛生實地調查　第壹號』を論じた田中愼一「明治前期民事判決にみる肥料経済をめぐる利害状況」北海道大学経済學研究57（1）から引用
※当時の旧1円は、現在の貨幣価値では現30,000円ほど

また、田中氏は明治期、農村における施肥体系について、次のように論究した。現在の江戸川や江東、墨田区にあたる東京府南葛飾郡の水田では、主な肥料に干鰯と人糞尿を使用していた。このうち普通作の場合でも人糞尿を反当三〇荷(一〇八〇ℓ)も施用した。人糞尿の多くは家族が排泄する自給人糞尿だったと思われるが、人糞尿をすべて購入したと仮定すると、人糞尿の貨幣価値は明治二二年当時で二円七〇銭、現在の貨幣に直すと八万一〇〇〇円にもなり、肥料費全体の四七・四%を占めた(表5)。肥料と

表5　米作反当施肥の事例（明治21年、東京府南葛飾郡）

種類	最多施肥量		普通施肥量		最少施肥量	
	数量	価格 円 銭　(%)	数量	価格 円 銭　(%)	数量	価格 円 銭　(%)
干鰯	16貫	4.00（52.6）	12貫	3.00（52.6）	6貫	1.5　(52.6)
人糞	40荷	3.60（47.4）	30荷	2.70（47.4）	15荷	1.35（47.4）
合計	7.60円		5.70円		2.85円	
反収	2石4斗		1石7斗7升7合		1石6斗	

※東京府文庫『明治十七年　神田區市街衛生實地調査　第壹號』を論じた田中愼一「明治前期民事判決にみる肥料経済をめぐる利害状況」北海道大学経済學研究57（1）から引用
※1貫：3.75kg、人糞尿1荷：36リットル、米1石:150kg、1斗：15kg、1升：1.5kg
※南葛飾郡：現在の葛飾、江戸川、江東、墨田区
※人糞には自給分を含むものと考えられる

表6　麦作反当施肥の事例（明治21年、東京府荏原郡）

種類	最多施肥量		普通施肥量		最少施肥量	
	数量	価格 円 銭　(%)	数量	価格 円 銭　(%)	数量	価格 円 銭　(%)
人糞	16荷	2.030（63）	14荷	1.720（65）	11荷	1.437（69）
糟	8貫200目	0.506（16）	6貫100目	0.402（15）	3貫200目	0.204（10）
灰	4俵半	0.461（14）	3俵	0.314（12）	2俵8分	0.278（13）
馬糞	1荷半	0.150（ 5）	1荷	0.100（ 4）	半荷	0.050（ 2）
堆肥	3荷	0.050（ 2）	6荷	0.100（ 4）	6荷	0.100（ 5）
合計	3.197円		2.636円		2.069円	
反収	石斗升		石斗升合勺		石斗升	
オオムギ	2.32		1.8724		1.46	
ハダカムギ	1.62		1.2817		1.14	
コムギ	1.38		0.9995		0.93	

※前掲、田中愼一「明治前期民事判決にみる肥料経済をめぐる利害状況」から引用
※1貫：3.75kg、糞尿1荷：36リットル、米1石:150kg、1斗：15kg、1升：1.5kg
※荏原郡：現在の東京都大田区、品川区、目黒区と世田谷区の一部を指す

して干鰯は反当一二貫（約四五kg）を使い、三円（現在の九万円）を要した。現在のお金に直すと、肥料代の価値は反当一七万一〇〇〇円となる。明治二〇年前後の玄米の反別収量は一石七斗七升七合（約二六六・五五kg、四・四四俵）、生産者米価は一俵（六〇kg）当たり一・五円前後であったので、反当たり生産額は約六・七円（現在価値二〇万一〇〇〇円）になる。収量を増すため多くの施肥を行う水田では四〇荷におよぶ人糞尿が使用され、二石四斗（約三六〇kg）の収量を得た。また、明治二一年東京府荏田郡の麦作では、人糞尿、糟、灰などを使用した。このうち人糞尿は、普通作でも反当一四荷（五〇四ℓ）使い、貨幣価値は一円七二銭、肥料費全体の六五％を占めた（表6）。もちろん、水田と同様に多収

を狙った水田裏作の麦畑には、一六荷もの人糞尿が使用された。これらの記録から理解されるように、購入人糞尿は、刈敷等の入手が困難な平野部農村や、野菜などの作物を市中に出荷する近郊農村では、作付けに不可欠であった。人糞尿は、ゴミではなく主食をはじめ作物を生産するための貴重な肥料であり高価な品物であった。

この経済的な下肥の価値に着目し、倹約を掲げ経済改革の真っ最中にあった文久二年（一八六二年）、役人達が国益を守るために、江戸市中における人糞尿の採取権を独占する構想を持ち出しそうになった(福沢諭吉著・富田正文校訂『新訂　福翁自伝』)。このような人糞尿に対する権利を独占する動きは、時代が下っても発生した。一九〇〇年代、都市が膨張するなかで道路や上下水道などの基盤整備がひっ迫していた。しかし当時の財政の貧困さから、一部の大都市では、行政が人糞尿採取(処分)権を取り戻し、財源として活用する意見が強くなった。明治四〇年、大阪市は下水改良工事の財源として屎尿処理許認可権を持つ「屎尿市営」案を発表した。しかし従来の権利者や農民からの猛烈な反対を受け、結果的には廃案をみた。しかし、明治四三年の大阪市の人口、約一二三万九〇〇〇人をもとに屎尿の代価を八五万九〇〇〇円余と計算し、諸雑費を差し引き、純益が四三万六〇〇〇円余と試算している。このように農村の各家庭内において肥料として循環する人糞尿は、近郊や平野部農村では都市と農村との間での循環を生み出し、多額の経済的利益や雇用を生み出す資源でもあった。

西武グループの創業者である堤康次郎氏は、伝記の一部『苦闘三十年』で、第二次世界大戦中の東京における糞尿輸送を受諾したことについて、次のように述懐している[80]。昭和一九年、戦中の極度なガソリン不足でトラックを使えず、大八車を曳く人手が不足し、人糞尿を農家に還元できる状況にはなかった。東京三五区で発生する人糞尿は日量で約八八五〇ｔあり、一〇日で九万ｔ近い量になった。これらが搬出できず市街地や住宅の肥溜めが溢れた。当時、東京都の首長であった大達都長官は、堤氏に鉄道による人糞尿輸送を切願した。西武では人糞尿輸送用の専用タンク車一五〇両を新造し、日量四五〇〇tの輸送を目指した。食料増産を進める農家に配布し、帰りには都心に野菜を供給するため、西武鉄道と武蔵野鉄道沿線に全量六万一〇〇〇tの貯留槽を設置した。同年一一月二一日、井荻駅で糞尿輸送祝賀会が催され、来賓には農務大臣、内務大臣等多数が集まった。滋賀県の農家出身である康次郎氏は、「畑の中では糞尿を野菜にする。これ未来永劫繰り返す。これが天地の理法であります。これに背いて糞尿を海に捨てる、もったいないことである」と述べている。かくして東京都内には人糞尿を積んだ「黄金列車」が走る時代があった。

人糞尿を発酵させた下肥による有機物の循環システムは、循環型の里地里山の生産と生活の土台となる伝統であるが故に、また、農家の金肥購入に対する節約感によって、化学肥料が普及しつつある大正、昭和の時代に入っても続いた。農林省発行の『農産年報』によると、全国における肥料としての人糞尿の使用量は、大正一三年から昭和一九年までは全国で年間一六〇〇万t前後であったが、その後、大幅に増加し、昭和二五〜三五年には年間二〇〇〇万tから三六〇〇万tにも達していた。農水省は昭和三四年前後まで「自給肥料奨励事業」を続け、人糞尿を貯蔵、発酵させる共同利用貯留槽の設置に際し、一部を農林漁業金融公庫から融資する措置まで取っていた(77)(71頁図22)。

農家は、肥料不足を補うため、自ら市街地に買い出しに行くほか、仲買などを通じて街場の人糞尿を買い求めた。筆者は昭和二〇〜三〇年代までの里地里山の生活をヒアリング調査した際、下肥についてつぎのような利用実態を聞き出すことができた。大阪府茨木市のK氏、N氏によると「汲み取り屋が大阪市内から一〇tのタンク車で人糞尿を搬送し組合の水槽で保管した。ここで発酵させた下肥は必要な農家に随時販売した。また、大八車やリヤカーに直径三〇cm、深さ八〇cm前後(一斗樽)を一〇個ほど載せ、早朝、暗い内から大阪の街へ人糞尿をもらいに行く農家があった」という。大阪府貝塚市の畠氏は「ミカン畑を五反耕作していたので、昭和二五年くらいまで岸和田の市街地に一日仕事で不足分の人糞尿を買いに行った。温州ミカン一〇kgとリヤカー一台分の人糞尿二〇〇～三〇〇kg（木桶六～七桶分）とを物々交換した。木桶には人糞尿が溢れないようフタを付けて運んだ。当時、温州ミカン一〇kgの価格は、結構な高値であり、「屋敷一五〇坪の一年分の地代に相当した」と言っている。和歌山県海南市の榎氏からは「平野部にある岡崎地区では、水田の所有面積が広いため牛糞堆肥だけでは水田の元肥をまかなえず、下肥を野壺で発酵させて水田に使っていた。この地区の農家は、昭和三五～三六年頃まで和歌山市内へ荷車を引いて下肥をもらいに行った。最初は無料であったが次第に野菜と交換するようになり、その後はお金で購入したと聞いている」との答を得た。

刈敷や堆厩肥、下肥のほかにも草木灰や鶏糞、蚕糞蚕渣が田畑の肥料として循環していた。また、これ以外にも小川や溜池の水底に溜まった底土（土肥）を定期的に掘り上げ、元肥として活用するなど、有機物の循環が徹底していた。

3　縄文時代から続く焼畑

平野部や丘陵地谷戸部の稲作に対し、水の便が悪く稲作が不適な山間部を中心に、縄文時代から近代に至るまで焼畑が営農され、補完作物や主食作物が生産されてきた。この農法は、主に東北から甲信越、北陸、四国、九州の山地で営まれた（次頁写真）。明治後半に作成された五万分の一地形図を解析すると、そこから抽出された焼畑の面積は、国土の約三・六％、一三六万haに及んだ。[81] 全国の焼畑は昭和一〇年に入っても約一五万戸、七万七〇〇〇ha、戦後の昭和二五年でも約一一万戸、九五〇〇haが残存した[82][83]。これらの焼畑は、土地からの栄養分の収奪に終始するものではなかった。地力の減退に対しその再生を繰り返す努力が継続され、小農の主食を補助し、燃料や建材、茅葺き屋根のカヤなどを得るため持続的、循環的に活用された。

　北上山地の焼畑を研究した古沢典夫氏は、その偉大さについて次のように述べている[84]。岩手県軽米町内では、江戸時代後期から昭和三〇年代に至るまで、製炭用の雑木林を伐採後に焼き払い、耕起し、一年目はダイズ、二年目はアワ、三年目は再びダイズを作る。ダイズとアワを交互に三回、六年間ほど輪作する。そのあと「止め作」としてソバが二～三年栽培された。作付け年限はその地の土壌の肥沃さにより異なった。ソバを作った跡は地力を回復させるために耕作を中断する。この土地では次第に遷移が進み、ヨモギなどが繁茂し牛馬の餌用に収穫すると、次にはススキが優占するようになる。このススキは屋根の貴重な吹き替え材料であり、三年ほど収穫する。すでにその頃には切り残した母樹から飛び散った種子により、天然生アカマツの実生が芽生え成長を開始する。この実生がススキの草丈を越えるようになると草本類は被圧されマツ林へ遷移する。このマツは母樹を残して四〇～五〇年で伐採する。伐採時の林床では野鳥などによって散布された種子から雑木が芽生え、マツを伐採するとこれらの稚樹はいっせいに成長する。ここに成立した雑木林は二〇年から二五年ほどで燃料などに収穫され、その跡地は再び焼畑に還る。この一回のサイクルでおよそ八〇年、三代に及んだという(図25)。すばらしい地力の活かし方である。早池峰山麓の大迫村などのように、アワ、ダイズ、ソバ、ヒエなどを五年ほど

薪炭材の採取後に山を焼いて播種前の地拵えが行われる焼畑
(山形県鶴岡市温海、平成5年8月)

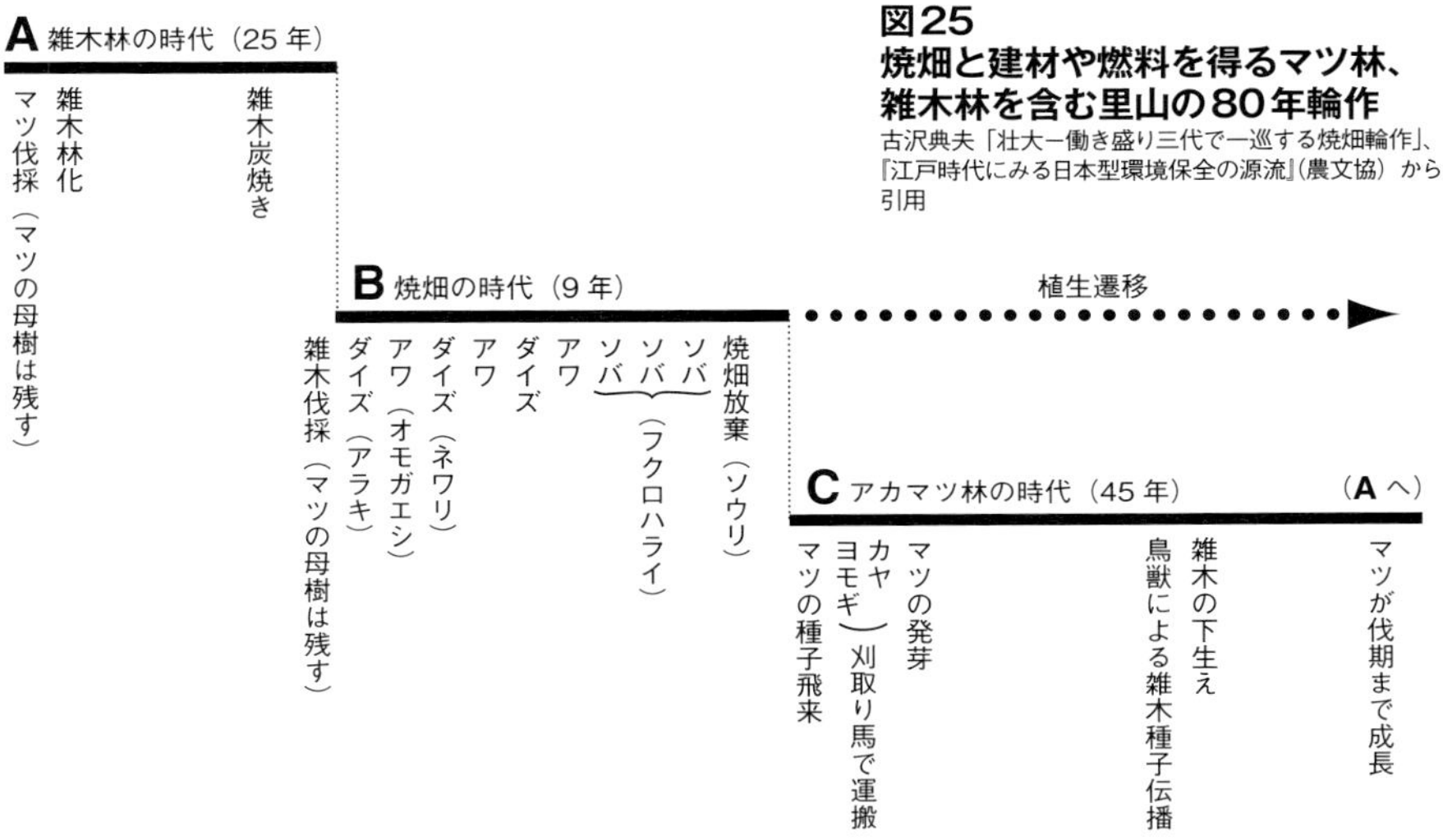

図25
焼畑と建材や燃料を得るマツ林、雑木林を含む里山の80年輪作
古沢典夫「壮大ー働き盛り三代で一巡する焼畑輪作」、『江戸時代にみる日本型環境保全の源流』（農文協）から引用

栽培し、そのあと里山の地力を増進させるためにケヤマハンノキ＊を植林し、二〇年ほどで薪炭用に伐採して、再び焼畑に切り替える地域さえもあった。このケヤマハンノキは、ダイズなどのマメ科植物と同じように、根粒菌が根系に共生し肥料分である窒素を大気から取り込む、いわゆる「肥料木」である。

また、松山利夫氏は、近世中・後期における飛州、現代の岐阜県高山市小八賀川流域の焼畑について、「元禄検地水帳」や『斐太後風土記』などをもとに詳細に検討した[85]。小八賀川の上流域、奥八賀十三村では、稲作ができずヒエやアワ、ムギが常畑と焼畑の基幹作物であった。一村当たりのヒエの生産量はムギの一七石に対して七七石である。これは五〇人を一年間養いうる量であり、まさにヒエが主食であった。一戸当たりの焼畑面積は常時四反ほどで、ヒエやアワ、ダイズなどを栽培した。毎年、秋になると、焼畑にする斜面を刈り払って柴やカヤを得る。翌年二～三月になると燃料用に意図的に切り残した雑木を伐採し薪柴を収穫する。火入れは五月頃である。焼畑にする斜面の外周に浅溝を掘って防火帯を作り、これに沿って火を入れる。その次は内側に火を付け耕地にする範囲を焼き払う。一年目はヒエの種子をばらまきで作付けし、二年目はダイズ、三年目にはソバやアズキ、エゴマを栽培する。この三年目には作物に加え、将来、薪柴として収穫するケヤマハンノキの苗木を植え付けた。四～五年目に入るとエゴマ、またはアサやアワをまき、六年目に休閑する。奥八賀では昭和の時代に入っても六年輪作の焼畑が営まれていた。

稲作が可能な小八賀川下流域の十四村では、ヒエやアワよりも水田の裏作に作るムギ類がコメの補完作物であり、焼畑の面積は一戸当たりの平均四畝以下にとどまった。このような村落では、秋に雑木を伐採し、翌春、薪柴の収穫後に火入れする。一年目はヒエを作付けしたあと、二年目からアワとソバを輪作した。三年目には将来燃料にするケヤマハンノキや家具材にするキリの苗木を植林し三年三作で休閑した。下流の村落では主食である主要穀物を水田で生産し、その補完作物を焼畑で生産した。ケヤマハンノキを三年目に植林するのは、混植する作物に栄養を補給し、休閑後は次期の焼畑まで窒素を固定し地力を増進させる効果があった。先人は根粒菌の力を知らずとも、ケヤマハンノキで窒素分、火入れによる草木灰でリン酸やカリ肥料を補うという地力の維持、増進を図る知恵を体得していた。

図26　春まきの出作り畑を耕作するため尾根から火入れした焼畑

江戸時代中期、石川県白山山麓の描写である。手前の山では尾根にはアカマツが育成され、そのほかはほぼ全体が草地であり、野草の群落の散見される。火入れする山には焚き付けに数束の柴が置かれ、ふもとでは火の延焼を監視する農夫の姿がある

土屋又三郎『日本農書全集26　農業図絵』（農文協）から引用

江戸時代中期、石川県内の農事を記録した土屋又三郎は、『農業図絵』（享保二年）のなかで、春夏に山を焼く当時の焼畑を刻銘に描写している（図26）。この絵図に校注した清水隆久氏によると、手取川流域にある白山山麓の山村では耕地面積が少なく、この焼畑（薙畑《なぎはた》）は食料生産に不可欠な存在であったという。[86] 立木を伐採して薪柴を採取したあと、山を焼き、春まきのアワ、大豆、ヒエなどを栽培する「春薙《はるなぎ》畑」、秋まきのソバやダイコンを栽培するため六月中旬に山を焼く「秋薙畑」がある。尾根から谷に向けて焼き払い、草木灰を唯一の肥料に地面を鍬で打ち起こして種子をまく。焼畑による出作りは昭和二〇年代までは続いたという。

いずれにしても焼畑を行う地域では地力を使い捨てるのではなく、繰り返し再生させ、食料や衣料、薪柴の材料を収穫した。そうでなければ食料や燃料が足らず、生活が困窮したのである。まさに古代からの先人の知恵を受け継いできたといってもよい。

＊引用文献中では「ハンノキ」とされているが、ハンノキは湿地に自生する樹種であり、水の便が悪い焼畑地には本来自生しないものと考えられる。本稿では比較的乾燥した荒地でも生育する亜種のヤマハンノキを含むケヤマハンノキの種名を採用した。

４—里山から産出する燃料・刈敷

人口増加は、暖房や炊事に必要な燃料の需要増と連動する。燃料である薪や柴の必要量とそれを産出する里山について、先に上げた所三男氏によると、農家一戸当たりの薪炭消費量を年二〇〜三〇駄と試算している。[73] 一駄は牛・馬一頭が運ぶことができる重さで約一三五kgであるから、年二七〇〇〜四〇〇〇kgを要したことになる。また、所氏は、一駄の薪炭を産出するために必要な里山は五〇〇〜六〇〇㎡と述べ、二〇〜三〇駄といえば一・〇〜一・二haの面積になった。当時の里山では薪だけでなく、焚き付け用の柴や牛馬の餌草を採取するため、子供達まで駆り出された（53頁図18）。

筆者は全国一八箇所におけるヒアリングと実地調査のデータを元に、農家一戸当たりの年間の薪炭消費量と、これに求められる里山の面積を割り出した。[36] その結果、年間の消費量は三〇〇〇〜五〇〇〇kg、必要な里山の面積は約一・一haとなった。また、茨城県が常陸台地で昭和三三年に調査した農家一戸当たりの年間消費量は、薪と柴をあわせて五〇〇〇kg前後である。[4] 年間一〜二万kgという大量の薪を消費した極寒の北海道を除くと、所氏の年間消費量に関する算出値は、おおよそ全国へ適用してもほぼ信頼できる数値の範囲にあると考えられる。

また、江戸時代における薪炭の消費量を、東西複数の藩領における「宗門人別帳文書」と当時の総人口推定値から世帯数を割り出した。宗門人別帳文書とは、江戸時代前期から一家族ごとに戸主と家族構成、名前、年齢などを記した近世の戸籍台帳である。地方の「宗門人別帳」を研究した戸谷敏之などによると、[76][87] 大家や自作農、小作をあわせると、家族構成員数は、平均四・五人であった。江戸時代中期の人口は約一二三〇万人であるから、戸数はおよそ二七〇万世帯になる。幕府や大名を除いても、少なくとも、これらの世帯が先に述べた薪炭を採取し消費した。このため、薪炭採取に必要な里山はざっと三〇〇万ha、燃料として八〇〇万tを消費した。

これ以外にも、薪炭は、塩田における製塩やたたら製鉄の燃料として一八世紀後半、江戸時代中期まで不可欠な再生資源であった。製塩業が発展した瀬戸内海、たたら製鉄のメッカである中国山地一帯では、環境容量を超えた過剰採取によって、里山が禿げ山化する地域が広がっていた（口絵4頁参照）。有岡利幸氏や太田

図27　クヌギの積算植林面積と薪炭材生産材積の推移

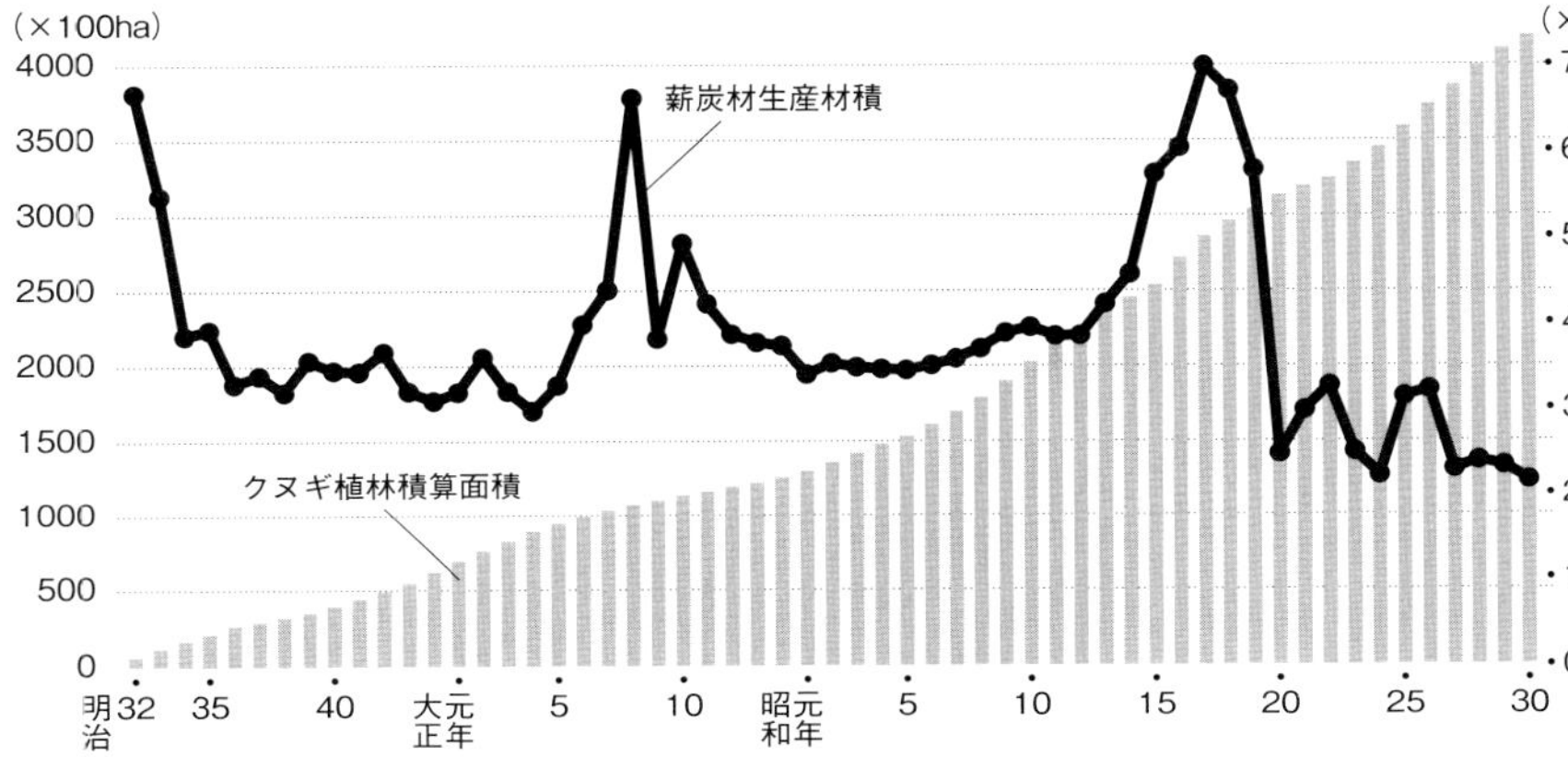

竹原秀雄「I 広葉樹林の消長」、大日本山林会編『広葉樹林とその施業』（地球社）の掲載データから作図

雅慶氏によると、古くは七四七年（天平二〇年）頃、奈良の東大寺は、塩田の製塩に使う燃料山を指す「塩木山」を播磨国明石郡垂水に三六〇ha、紀伊国海部郡加太に二〇〇ha所有した。江戸時代、都市生活の発展による塩需要の増加を受け、瀬戸内海沿岸では塩田が増加し主産地となった。経営戸数は一七四〇年代（延享年間）の一七〇〇戸に対し、約二〇年後の宝暦年間には二〇〇〇戸余に増え、その後も増加した。海水から塩を製塩する際、水分を蒸発させるために大量の薪炭を要したが、その大半はマツの落葉落枝や若い幹、下草であった。一八世紀後半、全国の塩田は四〇〇〇haに達し、その九割の三六〇〇haが瀬戸内海沿岸にあった。年間で塩田一ha当たり七六haほどの燃料山を要したことから、毎年二七万haにも及ぶ採取地が求められた。瀬戸内海沿岸地域の多くは地味の悪い花崗岩地帯である。このため度重なる採取によって短い年数では樹林が再生しない禿げ山が散在することとなった。[3][88]

里山からの燃料採取は、生活用だけではなかった。奈良時代の七五二年、五年の歳月を要して鋳造された大仏像には、銅や白金、金を溶解させるために一万六六五六石もの木炭が使用された。[89] 一石は〇・二七八㎥であるからその量は四六三〇㎥に達した。このほかにも塔の九輪《くりん》や梵鐘《ぼんしょう》、仏具や金具づくりにも木炭が使われたので実際の必要量はこれを上回る。奈良、平安、鎌倉へと時代が下れども、神社仏閣等の造営に大量の木質燃料が使用され続けた。

その後も里山からの燃料採取が続く。竹原秀雄氏は農林省の記録をもとに明治半ばから昭和三〇年代までの薪炭生産量を集計した[90]。これによるとわが国の年平均薪炭生産量は三七〇〇万㎥であり、これには戦争時の特需も含まれるため、平時の生産量は年三〇〇〇万㎥前後と試算している（図27）。また、竹原氏は、江戸時代後半からみてもこの生産量には大差がなかったと推定している。里山からの燃料や堆肥材、刈敷の採取は、昭和二〇～三〇年代まで続く。

5―木材採取の規制と育林技術

燃料や刈敷用以外にも、民家に加え、神社仏閣の建造や築城に大量の材木が求められた。代表的な建造物に要した材木量を研究した所三男氏によると、奈良、東大寺の全構が完成するまでに二万七八〇〇㎥、西大寺や興福寺、大安寺、諸国の国分寺など、飛鳥から奈良時代に寺院創建に要した木材は東大寺全構分のざっと一〇〇倍に及ぶと推定し、その大半は奈良と京都に集中した[73]。また、神社は一定の年度ごとに棟を建て替える年式造替制を敷いている。建て替え周期は、伊勢神宮や住吉、香取、鹿島では二〇年、春日社（のち三〇年周期）と加茂御祖社（同五〇年）では二一年である。伊勢神宮造替用の木材には四六〇〇㎥、同様に香取神社一一〇〇㎥、美濃国南社二一〇〇㎥など、その都度、大量の木材を要した。さらに鎌倉時代以降、江戸時代まで各地の築城にも大量の良質木材を求められた。江戸城を建設するために総量一四万㎥、また、名古屋城の築造には五万五六〇〇㎥を要したというから、使用した木材は莫大な量であった。このほかにも大阪城や姫路城等々、多数の城が築造された。

すでに飛鳥から藤原京への遷都の際にも大径木が不足し、近江の太神山からヒノキ材などを伐採して宇治川、木津川を運材し、奈良坂を陸路で越え、佐保川を搬送して運搬した。平城京以降、都や城郭、神社仏閣づくりには、それ以上の大量の良質材が要求された。平安初期には、早くも都の近傍では木材需給がひっ迫していた。(3)

時の為政者は、このような木材資源の危機をどのように乗り越えてきたのであろうか？　藤田佳久氏は、数々の史料をもとに中世から近世の林政に対し、次のように論究している。(91)天然林の採取型林業は、資源としての森林の存在と採取後の再生によって成立する。資源が枯渇すると伐採範囲が次第に奥地に入る。国土が狭い日本では森林の分布面積が限られている。このため再生に四〇～五〇年もの長期を要する木材の場合、厳しい抑制策を貫かないと採取圏が需要増に伴って資源地全域に拡大し、採取型林業は消滅する。有用な木材を持続的に供給していくためには伐採跡に植栽して森林を再生する必要性がある。先に「藤原京」の造営に際し、遠く離れた近江、太神山《たなかみやま》のヒノキの大径木を使用しなければならないほど、近傍に木材が不足したことを述べた。また、天平一七年（七四五年）の正倉院文書にも「飛騨匠州八人」と記され、その時代からすでに飛騨や木曾一帯の森林資源が注目されていた。一五世紀から一六世紀の仏教隆盛期、豊臣、徳川政権による寺院や城郭の築造が相次ぎ、戦国期から畿内一円の大建築に必要な木材が不足するたびに、木曾材がその需要を満たしてきた。

天下統一後の豊臣秀吉は、天正一三年（一五八五年）、仙洞御所や聚楽第、方広寺大仏殿などの造営に木曾材を求め、大阪城修築、淀城、清涼殿、伏見城築城などに大量の木材需要が発生した。慶長五年（一六〇〇年）、関ヶ原の合戦後、徳川家康は木曾山を直轄し代官を指名した。木曾山からの材木生産はその後も続く。慶長一二年（一六〇七年）、木曾山の管理は尾張藩領に移され、木曾谷（信濃国西筑摩郡）、裏木曾（美濃国恵那郡川上、付知、加古田村）を管理した。慶長一四年（一六〇九年）、駿府御殿用に三〇〇〇本、同一五年、名古屋城用に三万丁（榑）、同一九年、江戸城用にヒノキ一万三〇〇〇本余に加え、榑七六〇〇余駄などが供給された。元和年間以降も江戸城、鎌倉宮、日光東照宮用などに多量の木材が伐採、搬出された。寛永期（一六二五年頃）、木曾材の生産量は過去最大になり年三〇万㎥前後に達する年が連続した。

このような過伐によって木曾の山の木材資源は枯渇していく。また、過伐による木材資源の枯渇に加え、この頃には洪水の多発で木材が流失するなど災害も顕著となった。木曾の山を完全支配した尾張藩は寛文六年（一六六五年）、さらに享保六年（一七二一年）、乱伐と過伐を抑えるために木曾の山に「留山《とめやま》注11（御留林、御林）」を指定して一切の伐木、採草、住民の入山を禁止し、巡見を加えるなど徹底した禁伐政策に乗り出した。享保年間に入ると保護政策が一層強化され、犯せば厳罰を加えた。「木一本、首一つ」と呼ばれた所以である。木曾五木に指定されたヒノキ、サワラ、ネズコ、アスナロ、コウヤマキに加え、マツの伐採、それに門松に真松を使うことなども禁止した。さらに木曾谷で野火や新たに切畑（焼畑）を開くことも禁止した。そして炭焼やクリの伐採、一般百姓林（控山）までも村預とし、伐採を許可制にするなど、森林を守るための規制は農民の生活に必要な林野利用にも及んだ。

過伐が限界を超え、搬出が容易な木曽川本流沿いや裏木曽では伐採可能な立木がない「尽き山」になっていた。裏木曾とは現在の中津川市に属し、岐阜県、長野県境の阿寺山地の西側地域、木曽川の支流である付知川、川上川の上流域を指し、これらの林野に対し宝暦一〇年（一七六〇年）頃、森林再生のために一万本を超える実生苗が植えられ、種子の直まきも行われた。しかし、現地は花崗岩を基岩とし、ヒノキは石英斑岩上に自生する。このため土層は薄く腐植土が十分にない。このような厳しい条件だからこそ、成長が遅く年輪の詰まった良質材を産出したのである。現地の環境条件の厳しさに加え当時の育林技術の未熟さから、植林による森林再生が行き詰まった。この難題を克服するため最後に行き着いたのは、択伐方式による森林管理であった。この方式では伐期に入った天然生ヒノキを間伐し、そのあとには現地に自生するヒノキの稚樹を育成し再生産を図るものである。もちろん木材生産が行き詰まると藩政や住民の生活は立ちゆかない。このため尾張藩は、寛政三年（一七九一年）、森林資源の回復と保続を促すために立木調査を行い、現地での利用可能木を四三三万本と推定した。この立木を約五〇年ごとの周期で伐採し、木材産出量を年二五〜二八万尺〆とすることによって天然稚樹育成による択抜更新という保続林業に切り替えたのである。

さらに藤田佳久氏は秋田スギについても、つぎのように論究している。米代川と雄物川流域には古くから良質の天然スギが自生した。このスギに対する搬出要請は、文禄年間、豊臣秀吉が安宅船や淀船建造など、軍事用に大割舟材を求めたのに始まる。慶長九年（一六〇四年）には秋田藩による伐採が始まり、元和年間には一部の地域に伐採禁止の制札が出るほど過伐が進んだ。さらに延宝五年（一六七七年）の伐採量は年間一八万石（五万㎥）にのぼり大半は大坂に搬送された。上方の木材市場では徳川政権下での建設ラッシュに伴って多量の需要があり、商品価値の高まりを受け採取圏が秋田まで及んでいった。一六二五年頃、大坂への木曾材の供給量は過去最大の年三〇万㎥前後に達し、同じ頃、秋田からも年一〇万㎥近い木材が供給された可能性が指摘されている。この過伐によって木曾と同じく、秋田でも木材資源が枯渇した。延宝(一六七三年〜)、正徳（一七一一年〜)、文化（一八〇四年〜）年間へと、秋田藩の森林保護策が強化される。留山の指定、木材の専売化、山林台帳と森林図を作って山林の権利区分を確定し農民の無断伐採を禁止した。その一方で、農民には三公七民の分収植林方式[注12]を促し、乱伐から森林再生へと転換し、今日の秋田スギの基礎を築いた。

木曾、秋田での木材枯渇と保護政策による産出量の制限は、畿内や江戸を中心に木材不足を招いた。これを補完することになったのが、明治以降、育成林業のモデルになった「吉野林業」である。吉野は京阪市場への搬送も便利で森林を育む土壌が備わっていた。近畿地方の多くが森林の発達に乏しい花崗岩や洪積層である。しかし、吉野川上流域（奈良県東吉野村）には、森林の成立に適した中央構造線外帯の古生層を基盤とする堆積岩山地が広がる。しかも雨量は大台山系の影響を受け、年三〇〇〇㎜を超える。この環境条件はスギを中心とした針葉樹の育成には最適であった。一方、市場経済の発展によって購買力が高まり、木材需要の増大で価格が高騰した。これに後押しされた吉野では、近世後期、実生苗植林による国内初の本格的な育成林を大面積に実現させた。さらに植栽時に一ha当たり一万本という密植によって通直で節数が少ない木材を生産し、育成期間中に間伐収入をもたらす独自の収穫過程を作り出した。さらに当地の育成林業の発展は、年季地上権を設定した外部資本の導入により、農民や藩主の資力だけにとどまらない運営によって支えられた。

この時代までのスギ、ヒノキの育成林業や、木曾や秋田で広まっていた再生を前提とした木材の生産方式は、適地適木を重視し、林地が持つ地力の許容範囲で間伐と伐採、再生をはかる育林技術であった。ここにも里地里山において実践された循環思想の浸透が読み取れる。昭和三〇年代後半から、造成によって林道を切り開き、天然林を皆伐し、適地を越えて大規模に進められた拡大造林とは全く質が異なる。現在、スギ・ヒノキを中心とした人工林の面積は、約一〇〇〇万ha、日本の国土に対しおよそ二六％にも達している。しかし、その多くは放置状態であり、荒廃の兆しさえある。下巻で述べるように、この拡大造林が、里地里山と奥山にあった野生鳥獣生息地としての機能配分を崩壊させ、里ビトの生活にも支障を及ぼしている。

6 里地里山における植生分布の変遷

水田の拡大と植生の変化

古代から近代に至る燃料や肥料、食料、生活資材を得る人々の営みと、全国の山野に育まれる植生の変遷、成立とは、常に拮抗関係を持ち続けることになった。日本列島における植生変化を花粉分析などから調べた内山隆氏や高原光氏らによると、縄文晩期以降、人口集積が相対的に高かった近畿と関東地方の植生は、次のように変化したという(16)(92)。

まず、紀元五〇〇年、飛鳥時代に入ると近畿地方では、太平洋側と日本海側ともにマツ属とイネ科花粉が増加する。これは人々の生活活動などによって森林が伐採され、その跡にアカマツを中心とする二次林が拡大し、草木の採取によりイネ科草原が広まり稲作が展開していったことを示す。

アカマツ林は、都が造営された京都や奈良のほか、仁徳天皇陵など大規模な古墳が多数造営された大阪に近い地域では五〇〇～一一〇〇年(古墳時代後期～平安初期)から拡大し、その周辺部では一〇〇〇～一三〇〇年(平安中期～鎌倉時代)頃より広がりをみせる。例えば京都市とその周辺では、平安前期までアカガシ亜属やクリ・シイ属の花粉が優勢で照葉樹林が残存していた。しかし、都の造営や燃料採取のために伐採され、七〇〇年代末(長岡京時代)からアカマツ林が増え始め、一〇〇〇年(平安中期)頃からはアカマツが優占する二次林が拡大した(92)。

関東地方においても五〇〇年以降、平野部から丘陵部においてアカマツと推定されるニヨウマツ亜属が急増し、アカガシ亜属などの気候的極相林である照葉樹林構成種の花粉が減少する。これに先立ち二二〇〇年前頃(弥生時代中後期)から、地下水位の高い低湿地に自生するハンノキ属の花粉が減少し、続いてイネ科やヨモギ属花粉が増加する。これは低地に稲作が拡大したことを示す。これらのことは千葉県市原市村田川流域における花粉分析の結果でも裏付けられる（51頁図17）。この稲作は次第に収量の高い丘陵部へと移行し、谷戸に棚田が形成されていく。棚田では、湛水と落水によって地力を維持でき、周囲の雑木林や草原から腐植土や刈敷を採取し養分を供給することも可能であった。この水田の丘陵部への拡大によって、稲作の二次林や草原への依存性が一気に高まり恒常化されていった[16]。

奈良時代の『万葉集』（巻第八秋雑歌、山上臣憶良）に「秋の野に咲きたる花を指折りてかき数ふれば七種《ななくさ》の花。萩の花尾花葛花《おばなくずばな》なでしこの花女郎花《をみなへし》また藤袴《ふじばかま》朝がほの花」とある。これは、秋の野原にハギやクズ、ナデシコ、オミナエシなどの野生草花を交える草原が広がっていたことを表している。平安時代の『古今和歌集』巻第四秋歌上には「ももくさの花のひもとく秋ののに思ひたわれむ人なとがめそ」とある。この歌は、百種類もの野花が咲き溢れる草原があったことを示し、そこで戯れ遊ぶことをとがめないでほしいと詠んでいる。平安時代中期の『藤原長能集』には「嵯峨野に前栽ほりにまかりて日ぐらしに見れどもあかず、女郎花、野辺にやこよい旅寐しなまし」とある。嵯峨野には貴族がオミナエシなどの秋の草花を眺める草原があり、そこでは庭に植える草花を採取していたという。

これらの歌から、刈敷や燃料の採取など、当時、すでに人々による里地里山の利用が広く進み、草花が混生する草原が広がっていたことが理解される。また、土屋又三郎作の『農業図絵』（享保二年）に描かれた柴刈り作業の絵には、オミナエシやナデシコなど野草の花が咲く草原が克明に記載されている。この絵の舞台は現在の石川県金沢市、加賀地方である。江戸時代の里地里山にも草原が広がり、同じような状況が北陸地方においてもあったことを示している（53頁図18）。

図28　江戸時代前期1600年代の里山における土地利用

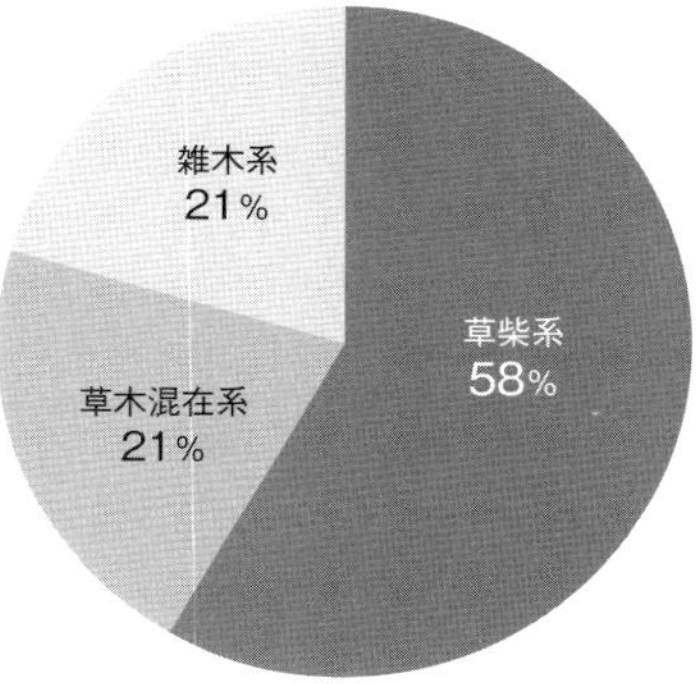

	山付き村における里山植生（%）			山無し村（%）
	草柴系	草木混在系	雑木系	
阿波国	49.3	46.1	4.6	47.9
河内国	31.0	41.3	27.7	60.2
越中国	75.2	−	24.8	63.5
陸奥国	69.8	7.7	22.5	17.3
信濃国	63.9	8.2	21.7	6.2

水本邦彦『草山が語る近世』（山川出版社）に掲載された「信州国伊那郡青表紙高、御料私領支配知行附」（1645年）、「河内国一国高控帳」（1645年）、「阿波国十三郡郷村田畠高辻帳」（1664年）、「越中国四郡高付帳」（1646年）、「陸奥国棚倉・岩城・中村郷村高辻帳」（1647年）を合わせ全体で1532村の記録を集計・作成。山無し村の割合は6.2〜63.5%（平均値約39%）。これを差し引いた村全体における里山の土地利用割合を示す。分類が国別に異なるため、「雑木系」には小松、雑木、松林などを含む。他の用語も同様に各種の言い回しを整理したもの。

多くを占めた刈敷を採る草山

ヒトが生活するためには、少なくとも水、食料、燃料が必要であり、主食である米を生産するには野山から採取する刈敷が必要であった。弥生時代から奈良時代、水田面積の拡大は、人口増を支え、奈良時代から平安時代には水田面積が一〇〇万haに達し、畿内や西日本を中心に人口は四五〇万人になった。また、水田面積は江戸中期には一六〇万ha、江戸末期から明治初期には二五〇万haに達した（63頁図19）。この刈敷については、筆者が行った昭和二〇〜三〇年代までの里地里山に関するヒアリング調査でも話題になった。和歌山県橋本市の岡室猛彦氏は、「牛糞堆肥を作る牛が導入される明治時代まで、持山の大半は、水田の肥料、刈敷を採る刈畑と呼ぶ草山だった」と言い、豊田市の加藤昭治氏は「水田一反当たり五畝の草刈り場（草山）が付いていた。この草刈り場は谷戸田の畦畔に連続した山裾にあった。戦前、水田は一町歩ほどあり、五反歩の草刈場を付けて小作に出した。三反の自作田で一五畝ほどの草刈り場があり、五月下旬とお盆過ぎ、一〇月初めの年三回手鎌で草を刈取った」と述べている。時代が下って昭和の中期に入っても、刈敷は里地里山における貴重な肥料源であった。また、江戸中期の人口は一二〇〇万人に達し、前

図29　江戸時代、所沢・上山口、山口観音周囲の里山植生

江戸期、周囲の里山は、概ね尾根にアカマツが育成され、低木類は谷部を残すだけ。その他は草地になっている。現在の狭山丘陵、狭山湖近くの里山である

川田壽『江戸名所図絵を歩く』(東京堂出版) から引用

図30　江戸時代、京都・吉田神社周辺の里山植生

境内の奥にみえる丘陵は、現在の京都大学吉田キャンパス東方の吉田山一帯の里山である。ここでも江戸期には尾根部にアカマツが育成され、低木は谷部に残るだけであり、斜面の大半は草地になっていた

阿部泉『京都名所図絵』(つくばね舎) から引用

述の通り、これらの人々が必要とする薪炭や刈敷採取に必要な里山はざっと三〇〇万ha、燃料として約八〇〇万t以上を消費したと推定される。

　このような生活需要を受け入れ、継続させるためには、里地里山の土地利用を再生産可能な徹底的な循環型にしていく必要性に迫られた。

　中世までの里山の植生に関する史料は極めて乏しく、水田面積や人口等から推定する範囲にとどまる。江戸時代に入ると、徳川家光三代将軍は、正確に石高を把握するため、一国単位で国絵図と村単位の石高を記した郷帳《ごうちょう》[注13]の作成を命じ、主なものでも慶長、正保などの時代に四回も実施した。このうち江戸時代前期一六〇〇年代（正保年間）のものには、村に所属する山や芝山（草山）を書くことを追加している。この正保郷帳によって当時の植生を調べた水本

図31　江戸時代、現在の大阪府高槻市成合あたりの里山植生

金龍寺のマツタケ狩り。昭和58年焼失して廃寺となり現在は金龍寺跡を残すだけである。江戸期には広く尾根部を中心にアカマツの疎林が占め、斜面は草地であった。振り袖、下駄履きで入山できるほど足元の良い植生であり、大傘のマツタケを採り、片方ではマツタケ鍋の火を熾す情景も描かれている

宗政五十緒『大阪名所図絵を読む』(東京堂出版) にある『摂津名所図絵』から引用

邦彦氏は、今の八尾市や羽曳野市など大阪東部地域を占める河内国、徳島県を中心とした阿波国、それに信濃、越中、陸奥国の資料を整理した[75](図28)。これによると、平野部中心の河内や越中国では山無し村が全体の六〇%に達し、これらの村々では刈敷や牛馬の餌を河川敷や土手・畦などで採取していたものと考えられる。また、山国である陸奥や信濃国では八〇%以上が山付き村であった。山の内訳をみると刈敷や餌を採取した草柴系が約六〇%、柴やカヤを採取する草木混在系と薪炭を採取する雑木系の村がそれぞれ約二〇%ずつを占めた。当時、これらの国々では里山の半分以上は草山であり、残りが柴・カヤ山と雑木山になっていたと推察される。

　また、藤田佳久氏や有薗正一郎氏は、明治二〇〜三〇年代の五万分の一地形図に対して種々の史料や聞き書き調査の成果を加

え、それより五〇〜六〇年前、江戸時代後期の林野利用や国土利用を図化した[81][93]（口絵4頁参照）。この資料によると、当時、本州以南の里山では刈敷や牛馬の餌を採取するため国土全体の約一二％（約四五〇〇万ha）が草地であった。また、薪炭や建材などを得るマツを中心とした針葉樹林が約一三％、雑木とマツの混交樹林が約二五％、両者を合わせ三八％（約一四〇〇万ha）が雑木林として利用されていた。このことは、ヒトが食料やエネルギー、生活資材を得るため国土全体のおよそ五〇％を活用し、これを循環させることによってサスティナブルな暮らしを支え、子孫を継承していたことを示している。

　このような植生分布が本当に存在したのであろうか？　視覚的に検証する必要がある。近世以降、多くの絵師が、江戸や東海道、京都、大阪郊外などの植生を推測できる絵図を描いている。絵図には作者の主観的な思いが反映し、描写の形状や色合いに強弱が付く傾向がある。しかし、当時の概況だけは理解できる。そこで、江戸時代における郊外の里山風景を描いた絵図として『江戸名所図絵』にある埼玉県所沢市内の山口観音、『都名所図絵』にある京都市北区の吉田神社、それに『河内名所図絵』にある大阪府高槻市金龍寺を取り上げてみた（図29〜31）。いずれの里山でも尾根部にマツを刈り残して育成し、斜面中腹から下部の大半が草山になっていた。この情景はその他の絵図を見てもほぼ同様である。なかでも高槻市金龍寺の絵図からは、当時のアカマツ林ではたくさんのマツタケが発生していたことわかる。しかも振り袖姿の若い女性や女子供、それに旦那衆達までがマツタケ狩りに興じ、次々に大傘のマツタケを摘む姿や、脇でマツタケ鍋を炊く情景まで克明に描写されている。このことは、薪柴や刈敷、落葉落枝を採取するため、当時のマツ林は立木の密度が低く開放的であり、着物姿の外出着で下駄を履いてでも入れるほど足元がよかったことを示している。

　写真は当時の姿を直接反映する。横浜など神奈川県郊外の幕末における風景を記録に残したFelice Beatoの次頁の写真をみると、里山の尾根部や頂には建材などに使うマツやスギを育成し、斜面には燃料を得る低

幕末、東海道横浜、藤沢間の里山植生。尾根部にマツを刈り残して育成し、斜面には柴刈り用の低木類が優占する

幕末の横浜郊外の農家
屋敷はカヤ葺き屋根、軒先には保管される薪や柴、カヤがみえる
※両写真は、横浜開港記念館編『F.ベアト写真集1.ー幕末日本の風景と人びと』(明石書店) から引用。写真撮影 Felice Beato

図33　長野県における原野の土地利用（明治36年）

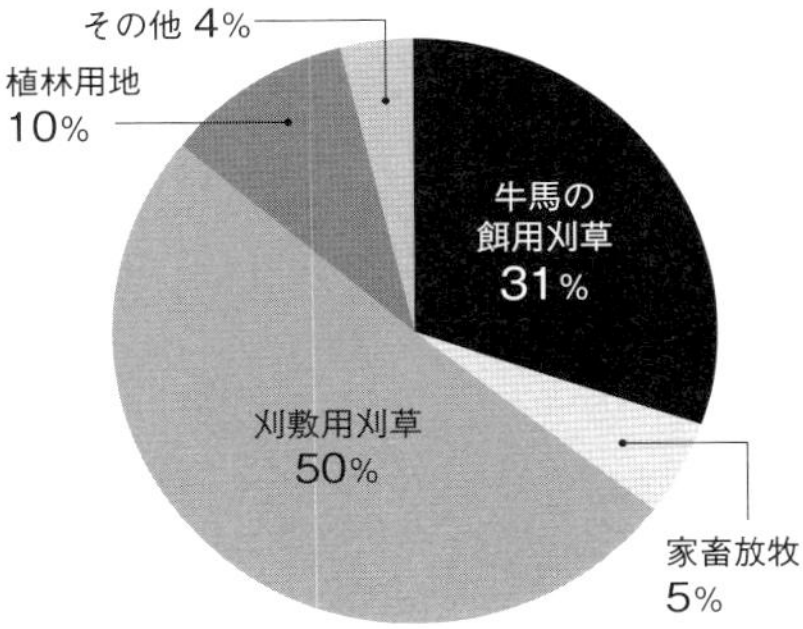

市川健夫『高冷地の地理学』(令文社) からデータ引用、作図

図32　原野率の推移

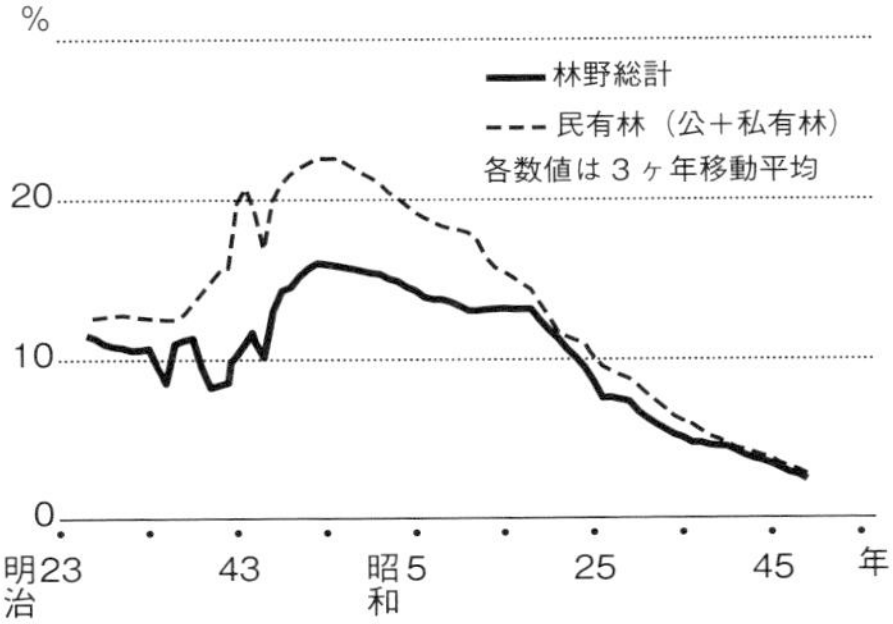

『明治以降林野面積累年統計』林業経済研究所（1971年）から作成。ただし、1897年以前、1949年以降のデータは『農林水産省百年史』土屋俊幸「山村と農村」『日本村落史講座第3巻景観2』(雄山閣) から引用

図34
愛知県足助町千田ノ洞（現、豊田市千田町）
における柴草山の配置（明治22年）

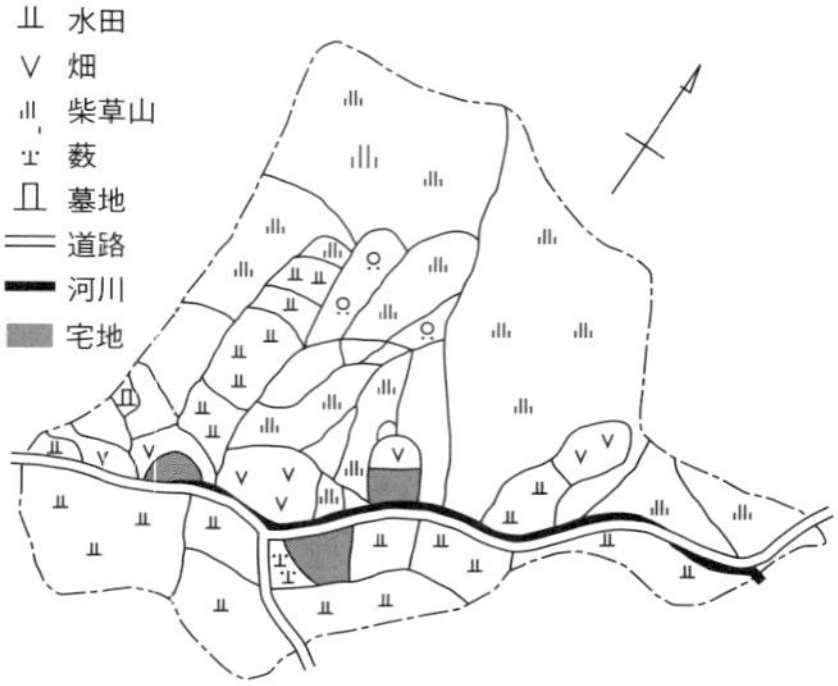

※藤田佳久『日本の山村』(地人書房) から引用

図35
広島県布野村
（現、三次市布野町）
における薪炭林、
柴草山等の配置模式
（昭和28年）

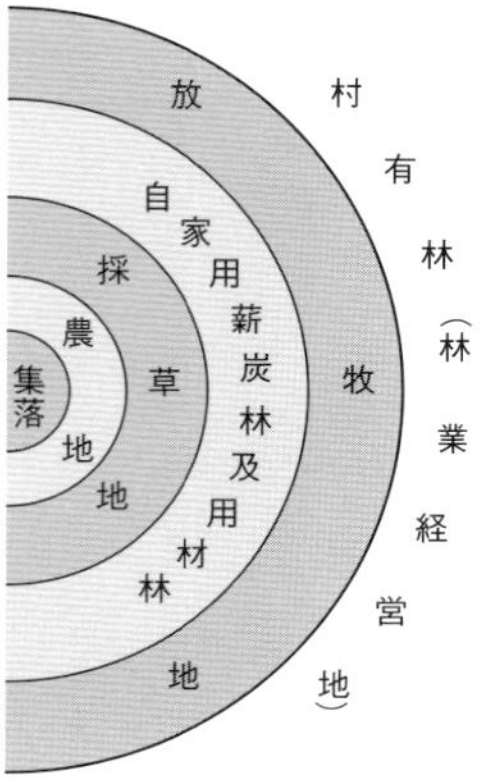

※林野庁（1954）『山村経済実態調査書 林野営農利用篇』第5号から引用

木状の落葉広葉樹が優占していたこと、民家はカヤやムギ殻で作ったワラ葺き屋根で、軒先には煮炊きや暖房に使う薪や柴などを大切に保存していたことが読みとれる（前頁写真）。

土屋俊幸氏によると、明治から大正期、第二次大戦前のわが国における林野植生は、次のように整理されるという[94]。全国の林野に占める原野（草山）の割合は、当時は一〇～一五％（近年は二％）に達していたという。集落に近い私有林や公有林における原野の割合は実に二二％に達し、広範囲に草山が連続していた（図32）。この原野とは、大半が牛馬の餌にする草や、古代から続く田畑の元肥である刈敷を採取する草山である。

家畜飼育が盛んであった長野県の原野率は、明治一八年（一八八五年）、民有林で四五・八％、官有林で四二・八％であり、平均的な村々における里山はおよそ半分が草山であった。なかには南佐久郡のように原野が七九％にも達するところもあり、里山の大半が草山といった地域も散在した。

これらの原野はどのように使われていたのであろうか？　長野県の明治三六年の記録では、全体の約五〇％が水田の肥料である刈敷の採取に、また、約三〇％が牛馬の餌を刈取るために使われていたことがわかる。これで全体の八〇％にもなり、植林用地と放牧は、それぞれ全体の一〇％と五％に過ぎない（図33）。したがって、草山である原野は、その多くが堆肥を産する牛馬の餌や、水田に養分を供給する元肥としての刈敷の採取場であった。高知県土佐村や四万十町などのように、この刈敷を得る原野を「肥《こ》え山」と呼ぶ地域があるのは、当時の里山利用の実態を如実に伝えている。また、草山の多くは、農家の持ち山ではなく部落共有地や国有林内の入会地[注14]にあった。

草山の火入れ

このような草山では、柔らかく勢いの良い草を再生させるために、火入れが行われた。刈り残った草木を焼いて草木灰とし、リン酸やカリを草山に循環させ、柔らかく威勢の良い草の新芽を育てた。金肥が普及するまで、全国の里山ではこのように刈敷と牛馬の飼い葉を得るため、広大な草地が広がっていた。これまでに述べた藤田や有薗、土屋各氏の史料解析を総合すると、江戸時代から明治・大正、第二次世界大戦前まで、わが国では林野面積全体の一〇〜一五％、二五〇万〜四〇〇万haが主として刈敷や牛馬の餌を得るための草山であり、三〇〜四〇％、七五〇万〜一〇〇〇万haが、建材などを生産するマツ林を含む薪炭林であった。絵図や写真からも理解されるように、里山では、全国的にみても尾根部にマツを育成し、斜面には柴刈り用の低木、それに刈敷や牛馬の餌用の草を育んでいたとみてほぼ間違いない。

当時の里山では集落を中心に草山や薪炭林などの植生がどのように分布したのであろうか？　名古屋市から四〇㎞ほど山手に入った愛知県足助村（現、豊田市）における明治二二年の地形図をみると、低地から順に水田、畑、草山（柴草山）が配列し、集落は水田と畑の境界部に位置していた（図34）。昭和二八年、広島県布野村（現、三次市）では、集落を中心に農地、その回りに採草地、薪炭林や用材を得る落葉広葉樹林、共同の放牧地の順で同心円状に広がっていた（図35）。さらに同時期の岩手県鬼首村（現、大崎市）でも、集

図36　購入・自給による窒素肥料投入量の推移

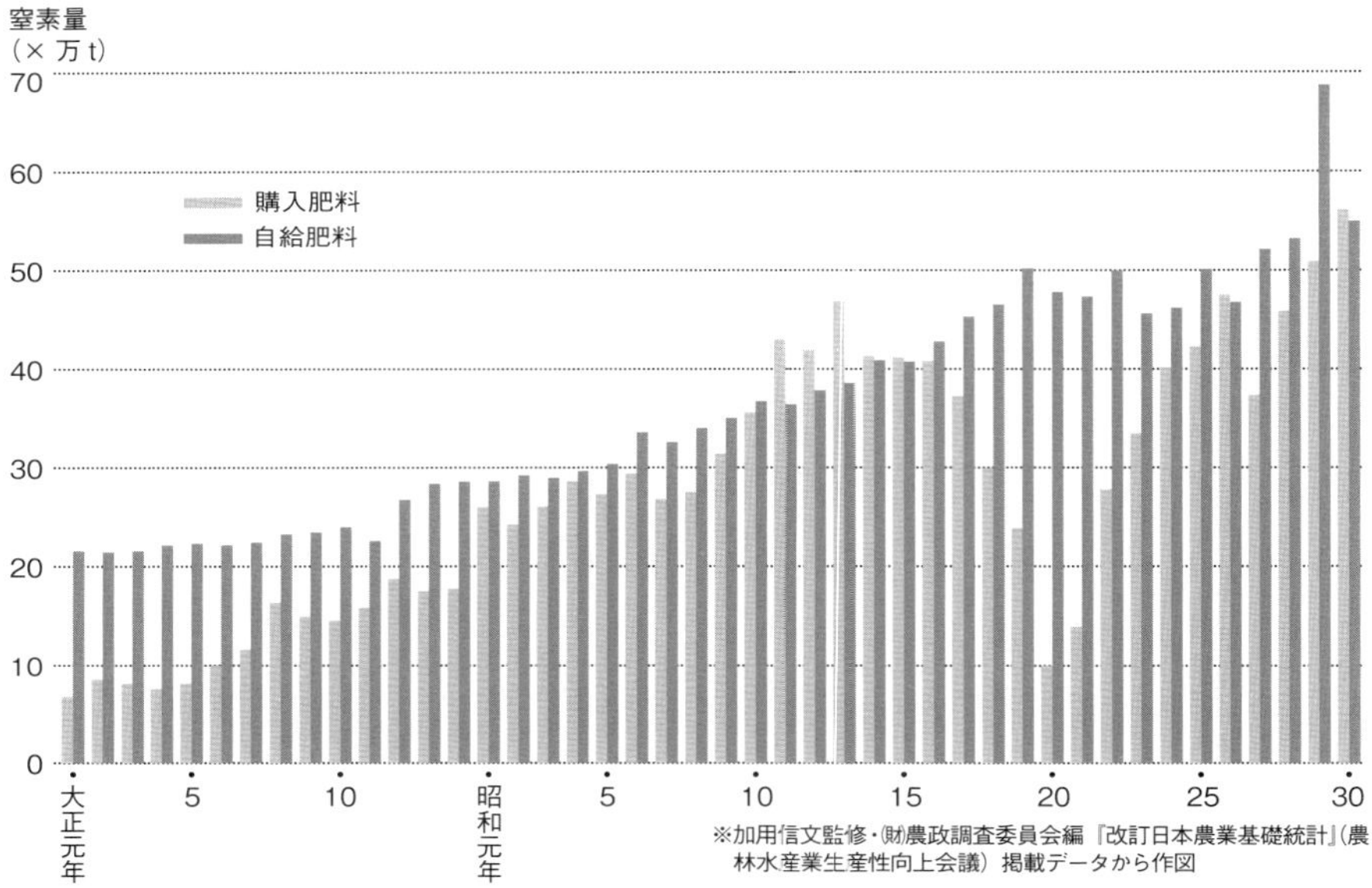

※加用信文監修・㈶農政調査委員会編『改訂日本農業基礎統計』（農林水産業生産性向上会議）掲載データから作図

落を中心に農地、私有薪炭林および用材林、採草地、放牧地、カヤ場、山林（国有林）が、この順で同心円状に広がっていた。私有林の多くは、もとは村有の入会採草地であったが木炭需要の拡大に合わせ、払い下げられ薪炭林化したものである(94)。

さらに土屋俊幸氏よると、里山における草地の割合は、大正一一年を境に減少し始めるという。その理由は、①化学肥料等金肥普及、②治山治水に必要な里山の樹林化とその法制度の確立、③木材、特に薪炭材の需要増と農作物との価格逆転という時勢の変化、に整理される。金肥とは自給できる厩肥や下肥に対し、購入する硫安や尿素などの化学肥料、ダイズ粕、干鰯などの肥料を指す。これには不足分を購入した下肥も含まれるであろう。①から③についてその内訳をみると、①の金肥は日露戦争後、安価なダイズがロシアから輸入され、その粕が有機肥料として販売され、第一次世界大戦後には、化学工業の発展で安価な硫安、過リン酸石灰等が出回り始めた。②については政府が明治七年（一八七四年）、全国の民有林野に対し「茅場秣場等火入ノ節取締方」を出し、その主旨が第一次森林法に盛り込まれた。火入れ規制を決定付けたのは、明治四〇年（一九一一年）施行の第二次森林法である。土砂流出を防備するため、火入れは指定地内で許可を受けた場合だけに限られ、しかも防火設備を備え近隣の森林所有者に通知する義務を負った。これは事実上の「火入れ禁止令」であり、林野への火入れ規制が採草地である草山を減少させていった。[94] この結果、経済的に余裕のある農家は金肥を使い始め、原野から採取する刈敷の量が減少していった。

火入れ禁止令により刈敷の採取が困難になっていく。これに呼応するかのように、牛馬の糞尿による堆厩肥や人糞尿、緑肥など、自給肥料による窒素やリン酸、カリの供給が、大正元年を境に昭和三五年まで一貫して増え続けた。自給窒素だけをみても大正元年の二一万五〇〇〇tに対し、昭和三〇年には五〇万tを超える勢いであった（図36）。農家が農耕用兼堆肥生産用に飼育する牛の頭数は、明治三六年には五・七戸当たり一頭であったのに対し、昭和一三年には三・九戸に一頭を飼育するようになった。牛の数はこの間に一・四〜一・五倍増加した勘定である。また、緑肥であるレンゲと青刈りダイズの栽培面積は、明治四〇年代から昭和一〇年代、それぞれ、全国で二〇〜三〇万ha、一〇〜二〇万haもあった。また、自給肥料を補うため、硫安や石灰窒素など、購入肥料による窒素の供給量は、大正元年の六万七〇〇〇tに対し、昭和二五年には四二万二〇〇〇tと、六倍以上になった。[95]

一方、明治後半から大正時代にかけて木炭の需要が急増する。わが国の木炭生産量は明治一二年の年七四万tに対し、大正八年には一八五万tと二・五倍の増加をみる。この需要増によって草山であった原野を植生遷移に委ねて薪炭林化し、さらに良質木炭を得るためクヌギを植林する動きが強まり、かつての草山は薪炭林に転換されていく。例えば奥三河の林業地帯にあった愛知県吉田村（現、新城市）の場合、柴草山は明治九年頃の七〇八haに対し明治三三年には三〇〇haまで減少し、雑木山が二五〇haから四四三haへと

一・八倍も増加した。(94)

明治三〇年以降、増え続ける木炭需要に応えるため、全国各地でクヌギなどの広葉樹が植林された。(90) 主な植栽種であるクヌギの植林面積の推移をみると、単年度の植林面積は、明治三七〜三八年の日露戦争、大正三〜七年の第一次世界大戦後などの戦争後に一時的に減少するが、昭和二五年前後まで増加傾向を示した。年間の植林面積は昭和一七〜二五年頃がピークで、クヌギだけでも毎年一万四〇〇〇〜一万八〇〇〇haに植栽された。明治三二年から約六〇年間、クヌギの総植林面積は右肩上がりで増加し、昭和三〇年には約四二万haに及んだ。この数値は北海道以南におけるわが国の森林面積全体の約二・二%に相当した(83頁図27)。クヌギ以外にもわずかではあるが、カシやクリ、ケヤキなどが植林されている。このほかにも、北海道を中心にヤチダモやカバノキの仲間などが植林され、これらを合せると昭和三〇年までの六〇年間におけるこれらの薪炭用樹種の総植林面積は八三万haに達する。

草山が、植生遷移やクヌギの植林により薪炭林化されていくとはいえ、化石燃料と化学肥料が広く普及し始める昭和二〇〜三〇年代まで、里地里山は、燃料や肥料、食料、生活資材、建材等を循環して生産する場であることには変わりなかった。

7 近世までの里地里山保全

水田面積の増加とこれに伴う人口増は、里地里山に対する利用圧を高めていった。環境容量を上回る柴や草木の採取は、山を荒らして再生力を奪い、保水力を低下させる。また、表土や草木の根張りがなくなった林地は、山津波などの土砂災害や洪水などの被害を起こす引き金となる。特に地力に乏しい瀬戸内海沿岸の花崗岩地帯では、過剰な採取により禿げ山化する里山が続出した。この有様に対し行政や村々の人々は、法度や掟、違反者に対する罰則等々、さまざまな対策を講じていく。また、自然環境や動植物との共存を目指し、生態系保全を注視するようになる。江戸時代、すでに野生生物の保護区なるものができ、農民は日々の農の営みのなかに生物の食物連鎖の力を引き出し生態系を維持するようになる。

里山の植生回復

『万葉集』には「武蔵野は月の入るべき山もなし草よりいでて草にこそ入れ（東歌）」とあり、『新古今和歌集』には「行く末は空もひとつの武蔵野に草の原より出づる月かげ」とある。当時、都がおかれた奈良や京都だけではなく、開拓地である関東平野に至る地域まで、立木伐採によって草原に変貌していたことが伺い知れる。先にも述べたように、飛鳥時代、すでに天武天皇は六七〇年代に指定した範囲の里山を禁伐（留山）にする勅を出している。また、大同元年（八〇六年）、平城天皇は山城国大井山（嵐山）の土砂流出が激化し伐採禁止令を出す。弘仁一二年（八二一年）、「浸潤のもと水木相生ず　然らば則ち水辺の山林は須らく鬱茂せしむべし」という太政官符が出され保安林としての育成を指示している[3]。太政官は当時の司法、行政、立法を司った最高国家機関であり、太政官符は所轄の官庁、国衛に発令した正式の公文書である。里山における燃料や刈敷の採取拡大、人口増加や市街地の形成による建材や道路、橋、神社仏閣、築城に伴う木材需要の増加は、里山とそれに近い奥山において過度な立木伐採を引き起こした。これらの過剰な伐採は、出水時に土砂災害などを引き起こし、この教訓が森林や立木保護の施策を築き上げていった。このあとも伐採の規制や掟、罰則などを設け、領主や藩主、幕府は植生保護に努めることになった。

これらの歴史を調べた有岡利幸氏や根崎光男氏、太田雅慶氏らの研究によると、主な施策や実態は、次の

ように整理される。[3][88][96]

『牧民金鑑《ぼくみんきんかん》』は一六五二年（慶安五年）、荒地や禿げ山等に対する苗木の植栽令を掲載している。この法令集は江戸の人口を抑え、荒廃した農村の人口をもとへ戻し、生産を維持するためなどに出された。また、江戸幕府は、一六四三年（寛永二〇年）、植生を回復させるため、禁伐樹種の盗伐や林を焼失させた者に対し罰則として損失木以上の苗木を植えさせた。また、度重なる盗伐等の破壊行為を繰り返す罪人に対しては死刑に処する令を出した（『日本林制史資料』）。さらに一六六六年（寛文六年）には、農民が燃料等を得るため草木の根まで掘取り、大雨時には土砂が流出し洪水が起こるため、これらの行為を禁止して川上左右の無立木地に苗木を植え付けること等々の保全命令を出すほどであった（『近世法制史料叢書』）。続いて一六八四年（貞享元年）、出水や洪水を防ぐため淀川や大和川上流における畑の開墾、山畑の営農を禁止した（『御触書寛保集成』、『徳川禁令考』）。一七九一〜一七九四年（寛政三〜六年）には、農民個人持ちの林でも持主が自由に良材を伐採することを禁じ、伐採には許可を求めた。また、屋敷内外の大木は私有地内でも自由な伐採を禁じ、大木の存在は代官地頭方が記録に残した（大石久敬『地方凡例録』上巻）。盛岡藩は幕末から明治初期に、水源林の伐採を禁止し（『日本林制史資料』盛岡藩）、仙台藩は一六九七年（元禄一〇年）、魚付き山[注15]の保全を命じた（『日本林制史料』仙台藩）。

これらの植生回復政策に対し、熊沢蕃山は、一六八七年（貞享四年）、『増訂 蕃山全集』のなかで、刈敷や薪・柴の採取により禿げた里山に草木を生育させることを勧め、その方法として草やカヤを散らし置き、その上にヒエの種子を蒔くことを促している。そうすれば、野鳥が多数飛来して排泄する糞が落ち、それらに含まれる樹木の種子がよく発芽して植生が回復する。また、ヒエを禿げ山に播種すると三〇年ばかりで雑木が茂り、次第に里山が再生して薪が採取できるようになると解いている。

一六〇〇年代、江戸時代前期の浅野氏による広島藩では、農民が個人または数人の共有で生活に不可欠な刈敷や牛馬の餌、燃料を採取する里山を「腰山《こしばやし》」、村有の入会地を「野山《のさん》」と呼んだ。藩直轄の「御建山《おたてやま》」や民有で藩が管理する「御留山《おとめやま》」を定めるとともに、盗伐や薪や柴、草の盗み採りを監視するため、郡内の行政区域で山目付を置き、各村では村役人が任命した山番を置いた。「野山」の利用には村の掟や定めがあり、「山の口開け」日を決め一定期間だけ柴刈りや草刈りができた。しかし、この掟を破るものが続出したため、違反行為として長斧で刈取ると過料五〇匁、浅木類（あさぎ：コナラなどの落葉広葉樹）の盗伐で過料一〇匁といった罰金を求めた。罪人がこの罰金を払えない場合には「五人組」で補い合って支払うことも義務づけられた。このような取り決めは全国の村々にあった。また、村共有の「野山」は、一部を村の「留山」とし、普段は土砂流出防止や田畑の水源涵養に当てた。この「留山」の立木は、一部を薪として売り、その収益で用水の修理費や凶作時の食料購入費などを捻出し、利益を共同体に還元した。なお、「五人組」とは、町や村において年貢納入や治安維持などの連帯責任を有した単位であり、多くは近隣の五戸前後の家々で組織された。当時、広島藩はマツ、スギ、ヒノキ、ツガ、クスノキ、クリなどを「御用木」に指定し、農民の所持する林野であっても樹種、本数、持主を登録させ、無断伐採を禁じた。藩主には用材を確保するという目的があったが、結果として植生や立木保護につながった。

人口増に伴って塩や鉄の需要が増加し続けた一八世紀後半の江戸時代中期以降、製鉄、製塩過程における燃料は石炭が普及し始めるまで、里山から採取されるマツなどの薪柴であった。「腰山」や「野山」であっても、農民が「御用木」であるマツを根元から伐採する際は、藩の許可を受け、伐り跡にはマツの植栽が義務づけられた。広島藩の竹原塩田に燃料を供給する田万里村の農民は、御用木伐採の願い出に際し、「草山小寺山の内にても上木、松苗等は古来より百姓共大切に仕建置」云々と記している。このように藩政時代には山ごとに一本一本の木を管理するという保護政策があったため、完全な禿げ山が広範に拡大することがなかった。換言すれば立木の育成が前提条件になって、里山が循環的に利用されていたのである。

近世における鷹狩り場や鷹巣の保護

鷹匠があやつるタカを使い、獲物を捕らせる鷹狩りは、古墳時代の埴輪にも残り、『日本書紀』にみえる仁徳天皇の時代から中世、近世に至るまで、支配者による権威の象徴でもあった。近世、江戸時代に入ると、徳川綱吉将軍（在職一六八〇〜一七〇九年）の時代を除き、鷹狩りは歴代将軍や大名達に好まれた。江戸時代の環境史を研究した根崎光男氏によると、(96)江戸近郊の鷹狩り場（鷹場）は、品川筋、目黒筋など六つに区分されていた。現在、東京大学駒場キャンパスがある駒場野は目黒筋の鷹場であった。一六二八年（寛永五年）、当時の江戸における鷹場の規模は、日本橋から現在の二三区全体と埼玉、千葉、神奈川の一部を含む五里四方一帯という広大な面積を誇った。さらにその外縁には尾張、紀伊、水戸御三家の鷹場が置かれた。鷹巣を保護するため、五人組に鷹場にある鷹巣を監視させ、新巣を発見した者に手当を与えること、鷹巣を盗む者に対しては重刑を科し、鷹巣を盗んだ者を申し出た者は、例え共謀者でも罪を許し手当を与える令を出した（『近世法制史料叢書』）。鷹場法度により、鷹場内の監視を徹底し不審者の侵入や自然環境の保全を徹底した。鷹場では野生鳥獣の殺傷や追っかけ回し、犬猫の放棄を禁止した。このほかにも農民に対し家屋敷の新築や増築、伐採や土砂採取を許可制とし、橋、道路、用水を見回り整備するとともに、新規の商売や物売りを禁止した。これらの掟によって鷹場の環境を守ることは、結果として自然環境の保護を徹底させることになった。当時、このような鷹場が摂津や伊勢など各地におかれた（図37）。

「生類憐れみの令」を出した徳川綱吉の時代に入ると、鷹狩り用に飼育されるタカは野生に放たれが、その

図37　江戸時代、河内の茨田、交野辺り鷹場と鷹狩りする農民

里山では犬をなかせてキジやハトなどの野鳥を飛び立たせている。物音で飛び出すキジやハト、雁鴨の姿が克明に描かれている。水辺では馬で追い、農民が板などでたたいて水鳥を飛び立たせている。これを弓矢で射るほか、鷹を飛ばせて捕らえようというのだ。当時、鷹場では一般人の野鳥捕獲は厳しく規制され、厳重に保護されていたから個体数は多かった。里山では尾根部にマツを切り残して育成し、斜面は草地、低木は谷部にあるだけである

秋里籬島『河内名所圖會』(臨川書店) から引用

後、一七一六年（享保元年）、次代の吉宗が将軍になると鷹狩り御行が復活した。許可を得た者以外はタカの捕獲が禁止され、鷹場ではタカだけではなく、その餌である野鳥の捕獲も禁止された。一八二二年（文政五年）になると、鷹場を持つ村に対し遵守規則ともいえる『徳丸本村名主文書』などを発令した。この定めでは捨て犬や花火、諸興行等々、タカや野鳥の生息に対し悪影響を及ぼす行為はすべて禁止された。また、鷹狩りの前には人留《ひとどめ》や舟留《ふなどめ》（人や舟の通行禁止）、貝吹き（ほら貝等による合図）を禁止させるなど、細部に至るまで保全対策が徹底された。

鷹場ではタカに野鳥を獲らせる一方、その餌になる鳥を育むために「餌差《えさし》」という役職を置き、野鳥に餌付けをして増殖を促し、さらには捕獲をして増殖した。野外で餌を与える場所として「御餌付場所」を指定し、タカの餌鳥となるハクチョウやツル、バンなどを放し飼いで育成した。減少した野鳥については親鳥を捕獲し「御鳥鶉《ウズラ》置所」などで増殖し、野生に返すほどの代償措置を取った。

鷹場に飛来するカモなどの野鳥がいつもの年より少ない場合には、幕府の「鳥見」が磐城や岩代、陸奥などの諸藩に出向き、鳥類を殺していないかどうか確かめるために殺傷見分を行うほどの力の入れようであった（一六四六年、正保三年、『会津藩家世実紀』）。「鳥見」とは、江戸時代、幕府や各藩に置かれた鷹場役人である。環境保全を担当し、鷹狩りに随行した。

鷹狩り将軍の御行には、鷹場を守るために鳥見を始めとする監視人を置き、破壊的な人為を排し環境保全に努めた。タカに野鳥を捕らえさせるという、一見、残酷にみえる鷹狩りのお遊びは、餌鳥の増殖によって同種の自然個体群に対する負荷を抑えた。別の見方をすれば、すでに江戸時代、行政が現在の東京二三区を上回る面積に対し、タカを守るための鳥類保護区を設定し、新たな生息地を造ったことになる。さらに言えば、この施策が、タカという生態系における高次消費者が生息できる自然環境を守った。その結果、鷹場は鳥獣の宝庫になり、江戸という一〇〇万人都市の近郊において、トキやコウノトリをはじめ、タンチョウヅルやマナヅル、ナベヅル、ハクチョウ等々の生息地が守られた。

さらに根崎光男氏によると、紀伊徳川家が持つ「恩賜鷹場」の名主屋敷のなかにサギが集団営巣したので、同家はこれらのサギを守るため「紀伊殿《きいどの》囲鷺《かこいさぎ》」と呼ぶ保護区に指定し、草木の伐採を禁止したという（一七九九年〈寛政一一年〉『田島家文書』）(96)。所在地は武州足立郡新染谷村、現在のさいたま市見沼区あたりである。この保護区では鷹狩りも実施されず、二月から八月までの繁殖期の間、昼夜ともに村人に営巣地を監視させ巣や雛の盗難を回避した。また、サギが営巣地を他の場所に移すと、これに伴って保護区も移設する熱心さであった。江戸時代に鷹場として設置された鳥類保護区は、その区域内には、農民の屋敷や農地があり、生活や農業、通行、舟運等々、日常生活が営まれていた。時代が下がって、政府は昭和六年に「国立公園法」、昭和三二年に「自然公園法」を施行する。これらの法律によって、富士箱根伊豆国立公園、瀬戸内海国立公園、霧島屋久国立公園など、日本各地に二九区域の国立公園が指定された。そしてこのいずれの公園区域にも、住居や集落、農林業など、さまざまな生業や人々の暮らしがある。この営みに対し一定の規制をかけ、また、特別区域や特別保護区に指定するなどして風致や自然環境の保護と保全を図るのが、「地域性公園」である。驚くべきことに昭和の時代に先んじ、およそ三〇〇年前の江戸時代に、この地域性の保護区が設定されていたのである。

動植物との共存

江戸時代、当時の農書からは、農民が食料を守り生産するため、積極的に里地里山の動植物と付き合ったことが伺い知れる。[97]『百姓伝記 巻八〜巻十五』（著者・発行年未詳）によると、江戸後期の嘉永三年（一八五〇年）、尾張の農民が他の場所で二〇〇〜三〇〇匹ものカエルを子供に採らせ、青虫を食わせるために自分の水田に放したという。また、水田に竹棒を立て、綱を張ると野鳥が止まるので、この鳥にイネに付く虫を食べさせた。野鳥のなかでもツバメは三月から八月まで多数が田上を飛び交い、イネの茎葉を食べる虫を餌にする。さらに綱にとまったツバメは水田に糞を落とす。この糞は水草には有毒であり、田草を抑える効能があるとしている。田草抑制に対するツバメの糞の効能は、『農事遺書』（一七〇九年〈宝永六年〉、福井県加賀市）のほか、およそ一〇〇年後に発刊された『粒々辛苦録』（一八〇五年〈文化二年〉、新潟県長岡市）にも受け継がれている。現在でも農家の玄関先では軒下に営巣するツバメを大切に取り扱い、わざわざ巣作りをしてもらうために木板などで台座を取り付ける家もある。これらの行為はその頃からの名残りであるとも考えられる。

『農秘録』（底本：一八五九年〈安政六年〉）によると、乾燥させたオケラの根茎（蒼朮）にオオカミの糞を混ぜ合わせ糠に炊き込んだものを風上に置くと、雨で融け出し効能が消えない限り、イネを荒らすシカやイノシシ、サルが恐れて近寄らないとしている。オケラは、疎林や草原に自生するキク科の多年生草本である。文化年間に井口亦八が著した『農家業状筆録』によると、愛媛県大洲（伊予）でもオオカミの臭いを使った獣害防除があった。また、キツネはお稲荷様のお使いとされ、お供え物を食べに稲荷を訪れた。この時、縄張りを誇示するために周囲の至る所に尿を放つ。この臭いがネズミ除けになった。兵庫県村岡町（現、香美町）の瀞川稲荷では、境内にある小石がネズミ除けに効くとされ、参拝者はこれを持ち帰って養蚕場などの隅々に置き、キツネの尿臭でネズミを退散させようとした[98]。当時の人々は生物同士の食物連鎖や糞が持つ化学的な作用を五感で学び取り生活に活かしていたのである。

高次消費者の生息

日本列島に広まった水田稲作や畑作は、江戸時代に至るまで、当然のこととして無農薬無化学肥料栽培であった。明治時代に入ると化学肥料や化学農薬が開発・普及し始めるが、豪農や地主を除くと、金肥や農薬を節約する農民の心意気から、この無農薬無化学肥料栽培は昭和二〇～三〇年代に至るまで続いた。肥料には、里山で得られる刈敷や落葉落枝のほか、牛糞や馬糞堆肥、それに人糞尿を発酵させた下肥が使われ、家畜やヒトの排泄物も廃棄されずに循環した。里山では、燃料を得るため定期的に柴刈りや薪、落葉落枝、枯れ枝が採取された。燃料から発生するCO$_2$は、燃料として採取する里山の植物が光合成の際に吸収することで循環した。

このような循環型の里地里山の生活は、江戸という大都市の近郊においてもトキやコウノトリなどの高次消費者（捕食者）を養い得るほど豊かな動植物を育んでいた。ドイツ出身の博物学者シーボルトは一八二〇

図38
1730年代の
トキの分布
「享保・元文諸国産物帳集成」、安田健『江戸諸国産物帳』（晶文社）から引用

トキがいた地区といない地区が、はっきり分かれていたことがわかる。

図39
1730年代の
カワウソの分布
「享保・元文諸国産物帳集成」、安田健『江戸諸国産物帳』（晶文社）から引用

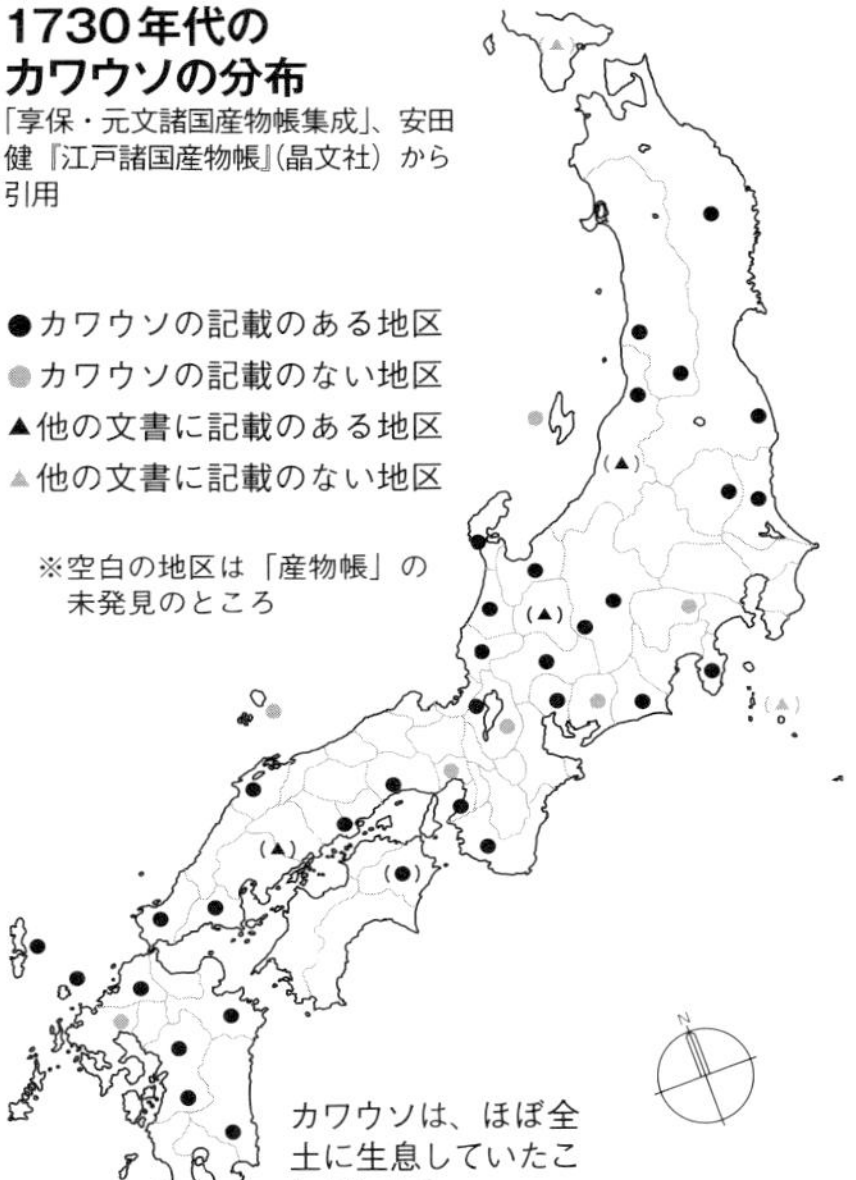
カワウソは、ほぼ全土に生息していたことがわかる。

年代に日本に滞在し、植物、鳥類、昆虫などについて幅広く調査を行った。*Castanopsis sieboldii*（スダジイ）、*Anotogaster sieboldii*（オニヤンマ）などのように標本を同定し新種として種名を命名した動植物も数多い。このシーボルトが、今の東京都大田区あたりの水田で四月にナベヅルを確認しており、当時は、ナベヅルが江戸近郊にも生息していた可能性がある。このほかマナヅルやソデグロヅルといった大型鳥が東北地方から九州に至るまで飛来し、タンチョウヅルが山形県や山口県に飛来した記録も残っている[60]。

安田健氏は『享保・元文諸国産物帳集成』に記載された動植物を詳細に研究し、一七三〇年代（江戸時代中期）におけるオオカミやカワウソなどの分布状態を紹介した[99]。これによると、当時、カワウソは東北から中部、東海、近畿、中国、九州地方に生息していた（図39）。一方、トキは北陸地方を中心に東北、関東、近畿、中

国地方に分布していたが、一七三〇年代にはこの分布をヒトが拡大させたという(図38)。金沢領では藩主の前田利常がトキを取り寄せ、越中国小矢部川上流に放し新たな生息地が形成された。このような例は、備後国や阿波国などでもあったという。一八〇〇年代には狩猟が厳しく制限されたこともあり、信濃や飛騨など中部地方の内陸部を除き、放鳥によってトキの分布が拡大した。

わが国のオオカミは明治三八年、奈良県東吉野村で捕獲された雄を最後に絶滅し、トキは昭和五六年に野生絶滅した。カワウソは現在、絶滅状態である。これらの動物が食べる餌の量について、トキは中国・洋県のトキ保護センター、コウノトリは兵庫県立コウノトリの郷公園、その他については大阪市立天王寺動物園の獣医師にヒアリング調査した。その記録によると、増殖飼育中のトキには牛肉、コウノトリにはアジを与える。この餌の重さで換算すると、両種ともに一日約五〇〇gもの水生生物や昆虫を食べる大食漢ということになる。仮に一〇〇頭が生息するだけでも、年間一八tもの餌生物を再生産できる自然環境が必要である。また、オオカミの成体には週一回の絶食日があり、残り六日間、一日当たり牛肉三〇〇gと内臓を取り去った半羽分相当の鶏肉五〇〇gを与え、カワウソにはアジを中心に牛肉、鶏肉あわせ一日二〇〇g前後の給仕を行うという。日本列島におけるオオカミは、食物連鎖上、生態系の頂点に立ち、獲物獣の個体数を調整してきた。一頭だけでも年間二五〇kgのウサギやシカなどの獲物が最低限必要であった。このようなオオカミが全国に分布したわけであるから、当時存在した生態系と食物連鎖のなかでは、毎年膨大な量の生物が再生産されていた。

一八〇〇年代(江戸時代後期)まで、日本列島には肉食の大型哺乳類が全国に生息できるほど、小動物や小魚が豊富であり豊かな生態系が存在した(図40)。その後、明治、大正へと、乱獲や生息環境の破壊や悪化によって、これらの高次消費者は絶滅の一途をたどっていく。しかし、オオカミなどが絶滅するとはいって

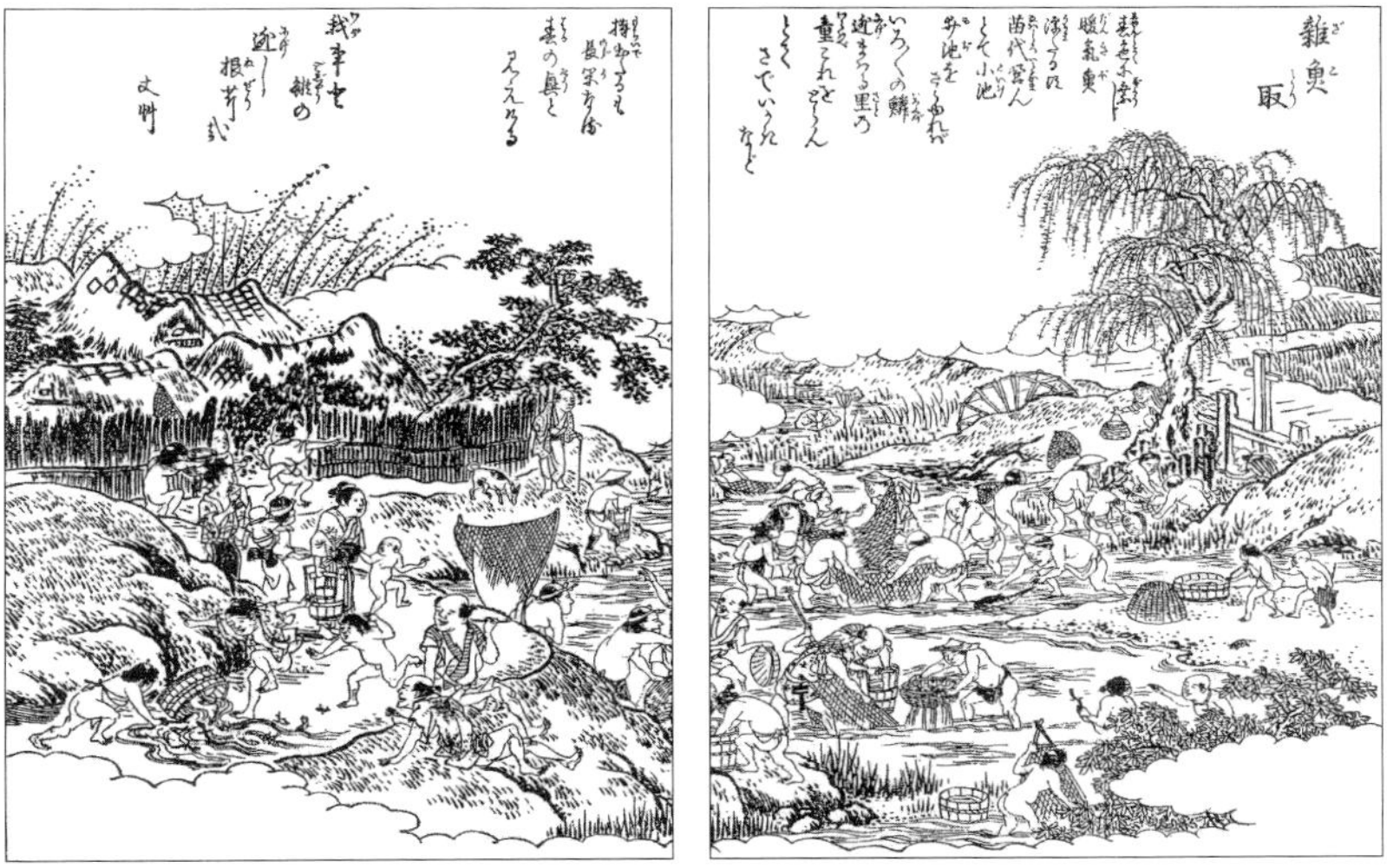

図40　江戸時代、河内の茨田、交野辺りにおける水辺の雑魚採り
秋里籬島『河内名所圖會』（臨川書店）から引用。集落近くの水辺で、大勢の村人と子供達がフンドシだけになって網や笊で雑魚を捕っている。母親に連れられた丸裸の子供の姿もある。裸で入れるほど水が清く、これだけ多くのヒトが入っても捕れる多数の魚が生息した

も、昭和初期まで、コウノトリやトキを養えるだけの自然環境を維持していた。本土のトキは一九二五年頃（大正一四年頃）絶滅したが、佐渡では一九三五年（昭和一〇年）においても推定一〇〇頭の野生個体が生息していた。コウノトリについては、昭和五年頃、兵庫県但馬地方だけでも一〇〇頭を養い得るだけの自然環境が存在した。

明治三一年生まれで、中学生まで東京、南葛飾郡（現、江東区）で育った平岩米吉氏は、次のように語っている。[100] 幼少時代には亀戸付近でもキツネやタヌキが生息し、水田ではタニシやドジョウがふんだんに採れた。隅田川では両国橋あたりにカワウソが生息した。支流の竪川ではフナやダボハゼが湧き溢れ、この川につながる屋敷の池までウナギが遡上していたという。現在では市街地が稠密で野生動植物が壊滅状態の東京都内でも、明治時代までは街場近くにまで豊かな生態系が育まれていた。

弥生時代以降、人々は、食料生産、燃料、建材という生活の基盤に加え、塩や鉄などの必需品を得る

ために里山の植物を再生利用し、さらには道路や橋、船など社会基盤の整備に加え、寺院仏閣や城の造営にも大量の木材を採取してきた。薪炭や木材、刈敷などに対する里山からの過剰採取は出水災害を招くなど、ヒトの欲望は自然の脅威との戦いの歴史も生み出した。しかし、そこには食料、肥料、燃料、建材、水、土に対する徹底した再生と循環のシステムがあった。環境容量を超えた過剰利用による教訓を踏まえ、これまで里地里山をコアとするサスティナブルな循環型の生活と社会が形成されてきた。その根底には、里山の森林保護や自然再生の思想、鳥類保護区の設置と監視活動など、自然環境を守る思想が根付いていた。

この生活システムが成熟したのは、まさに江戸時代である。街場で生産される人糞尿や馬糞、木灰といった肥料と、農村で生産される野菜などの食料とのあいだには相互の循環システムが形成された。さらにこの時代には、衣類や紙、鍋釜、煙管《きせる》、桶、下駄、提灯、鍬や鎌、金銀銅、鉄といった金属製品など、生活材はすべて徹底的に使いこなし、傷んだら修理に回し、修理できない状態になると素材に戻して再利用する循環系が形成された。市中に古着商、鍋や釜を修理する鋳掛屋《いかけや》、陶器を修理する焼継屋《やきつぎや》、鉄製品を溶解して再生する鍛冶屋、紙屑を収集し再生業者を経て漉返紙《すきがえしがみ》に再生する屑屋、川底に沈み堆積した金物を拾い集める「よなげ屋」などの職業が生まれ、資源のリサイクルとリユースを促していった。

これらの一連のサスティナブルな循環型生活が、持続可能な日常生活の基礎を築き、大型肉食獣や大型鳥類を全国に養い得るほど豊かな生態系を育んでいた。

この「里地里山文化の体系」は、日本列島への稲作の伝搬、北上とともに広がり、江戸時代に日本文化の基盤になるまで発展した。その後、工業化に伴う経済発展や化石燃料、化学肥料の導入、都市への人口の集中と農村の疲弊と衰退、戦争等々、さまざまな障害に立ち向かいながらも昭和二〇〜三〇年代まで続いてきた。

この里地里山をコアとする徹底循環型の暮らしと生態系が、稲作に伴うものであったとするならば、日本列島に稲作を伝播した東アジアにも、同様の暮らしと生態系が、息づいているはずである。次章では、稲作の発祥の地とされる中国の長江中・下流域と伝播ルートである朝鮮半島等の現地調査よって、里地里山文化の源を検証した。

注1 **更新世《こうしんせい》** 地質時代の区分の一つで、約一八〇万〜一六〇万年前から約一万二〇〇〇年前までの期間を指す。更新世のあとは現代を含め完新世と呼ばれる。

注2 **間氷期** 氷河期と氷河期のあいだには数百万年続く温暖な期間があり、氷河期内でも温暖な時期と寒冷な時期がある。より寒い時期が氷期、より暖かい時期が間氷期である。直近の氷期は一万年ほど前に終了し、現在は典型的な間氷期であると考えられている。

注3 **最終氷期** ウルム氷期、ウィスコンシン氷期とも呼び、約七万年前に始まり約一万年前に終了した一番新しい氷期のことをいう。最終氷期終了後から現在までの期間を後氷期と呼ぶ。

注4 **遷移、極相** ある生物共同体が他の生物共同体に移り変わる過程。植物群落は、移行が進行的であれば周囲の環境と相互に影響し合いつつ遷移していくが、最終段階で群落と環境の間に一種の動的平衡状態が成立し、群落は安定し構造や種組成が変化しないようになる。これを極相という。この極相に至るまでの植生の遷移段階を途中相とよぶ。また、土壌条件が満たされている場合、現地の気候条件において最も遷移段階の進行した植物群落を気候的極相と呼ぶ。

注5 **相観** 植物群落の外形を全体的にとらえること。

注6 **草甸《そうでん》** 中国内陸部では低温と小雨のために遷移の進行が極めて遅く、草丈が低いイネ科植物が優占する湿地と草原が混在し、この草甸と呼ばれる植生が永いあいだ安定する。

注7 **霞堤《かすみてい》** 堤防の一部に開口部を設けた堤防である。出水時には開口部から水が排水して堤内地の農地などを湛水し、流下水量を減少させ、洪水が終わると、堤内地を排水する治水方法である。出水の運搬土砂は、上流で生成さ

れた肥沃な土壌を含み、霞堤はそれを下流に流さず付近の農地に蓄積させ、農業や生態系保全からみても有効な治水法である。

注8　**乗越堤**《のりこしてい》　河川中流域における一部の堤防高を下げ、出水時にはそこから越流させて遊水池に一時湛水させ、下流での氾濫を防いだ。霞堤と並び江戸時代から広く普及した「関東流」の治水工法である。

注9　**蘇**《そ》　牛の生乳を煮詰め濃縮したコンデンスミルク状のもの。

注10　**はしか**　脱穀や籾選別時に出るワラ屑やゴミ。

注11　**留山**《とめやま》　斜面崩壊や土砂の流亡を抑えて治山、治水に努め、また、森林資源を保護するために伐採が禁止された山をいう。留山のはじまりとして『日本書紀』には天武五年（六七七年）、すでに天皇が飛鳥「南淵山」などの草木採取や野焼きの禁止令を出したとの記述がある。

注12　**分収植林方式**《ぶんしゅうしょくりんほうしき》　森林の所有者、造林・育林事業者、費用負担者の三者か、うちいずれか二者が伐採期までの契約を結び、収益を分配する植林方法である。

注13　**郷帳**《ごうちょう》　江戸幕府は正保四年（一六四七年）、元禄一四年（一七〇一年）、天保五年（一八三四年）の計三回にわたり、公役賦課や動員の際の基本台帳など農村を統治する基礎資料として、諸国の大名や代官から村名と産物石高を記した郷帳（郷村高帳）を提出させた。

注14　**入会地**《いりあいち》　村落共同体等が一定範囲の山林原野の土地を共有し、ある一定の規範によって伐木や採草、落葉落枝やキノコ採取などの利用を行う慣習的な権利を入会権と呼び、民法が定める用益物件にあたる。この入会権が設定された土地を入会地という。

注15　**魚付き山（魚付き林）**　魚類の生息環境を保全するため、海岸、川岸、湖岸等に造られる樹林とその山をいう。森林に降った雨水が水域に有機物やミネラルを運ぶためにプランクトンが増殖して魚類に対する餌の供給を促すほか、隠れ家の形成や水温調節などの効果がある。

第3章

里地里山文化の源流
東アジアの暮らしと生態系

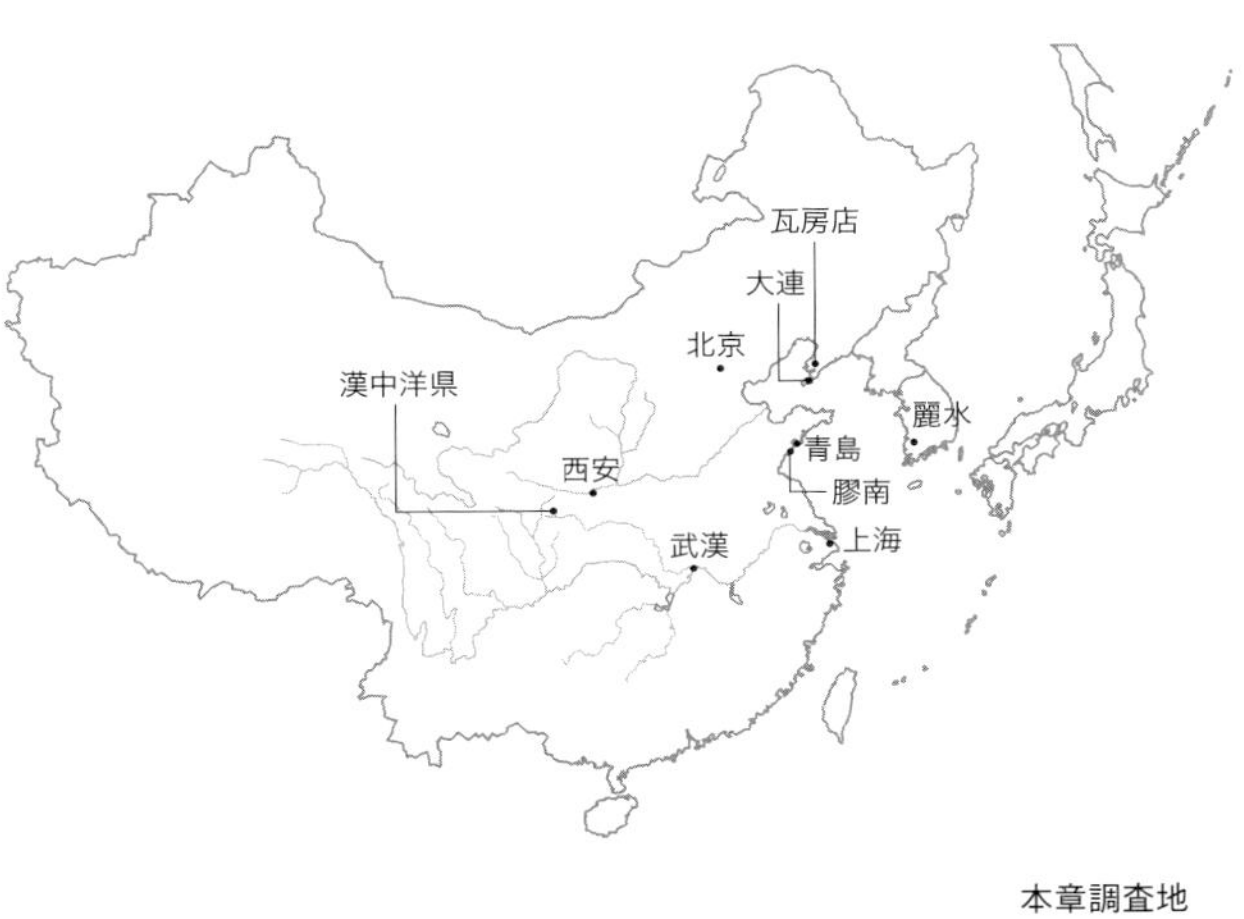

本章調査地

第1節　長江支流漢江流域
―野生トキが生息する陝西省洋県の暮らしと生態系

日本産のコウノトリは昭和四六年、トキは昭和五六年に野生絶滅した。日本の自然環境がこの鳥たちを養いきれなくなったのである。餌としてコウノトリは一日一頭七〇〇g、トキは五〇〇g、年間にして一頭で一八〇〜二五〇kgもの水生生物や昆虫などの生物を食べる。前述のように両種は江戸時代まで全国各地に生息していた。何故、日本でトキやコウノトリが生息できたのであろうか？　それは全国の里地里山にあふれんばかりの生物が生息する自然環境が広がっていたからである。平成一九年の石川県珠洲市におけるヒアリング調査では、現在八〇歳代後半の方は、カエルやバッタが湧き溢れる幼少時代を過ごし、昭和二三〜二四年頃まで、現在の輪島市洲衛（能登空港造成地辺り）から能登町にある焼山とのあいだを行き来するトキを観察できたという（元輪島市役所職員・塚本強氏談）。

1―野生トキの生息環境と循環型の暮らし

「はじめに」で述べたように平成二〇年佐渡トキ保護センターで、再野生化のために放鳥されたトキは、ここで述べる洋県のトキを日本政府が借用し増殖したものである。野生のトキが生息する地域は、今では世界でただ一箇所、中国の内陸部にある。最寄りの商都は西安である。ここには紀元前二二一年、中国初の皇帝である秦の始皇帝が威陽《かんよう》の都を築いた場所である。世界遺産で有名な「兵馬俑坑《へいばようこう》」群が存在する。トキの繁

⬆日本産最後のトキ、「キン」の標本。2003年死亡。新潟県佐渡トキ保護センター保管

殖地は洋県、西郷県、城固県の三つの県にまたがり、行動圏は南鄭県、佛坪県、勉県、略陽県、石泉県、漢中市漢台区に及ぶ(101)。

筆者は平成一八年八月二二日、通訳をお願いした教え子の孫岩《スウンヤエン》君とともに関西空港から審陽経由で西安に入った。そこから標高二〇〇〇〜三〇〇〇m級の山々が連なる秦嶺山脈の山脚部を鉄路で約七時間半かけて移動した。目的駅の「羊県」に着くと真っ暗で灯りがない。通訳の孫岩君の道案内で駅舎をあとにし迎えのポーターの車を探した。しばらく暗闇のなかを探すと運良くその車に出会い、滞在先の「白雲賓館」に向かった。翌朝七時、車で二時間ほど走り、途中、国家林業局陝西トキ保護センターに立ち寄った。ここではポーター役をお願いした「漢中田園旅行社」の徐 鴻藻氏らを仲介し、日本円で一回一万五〇〇〇円ほどの資源保護費を支払った。これで「漢中市人民政府」発行のトキ保護区通行許可書を入手し、地道につながった草バ村の里山に入った。

現地の年間降水量は約一〇〇〇mmであり、日本と同じ温帯モンスーン地帯にある。冬季には平地でも二〜三cm、山手では一〇cm程度積雪をみる。付近一帯は長江の支流、漢江の集水域にある。それでは野生トキ生息地でのヒトの生活と里地里山の自然環境を見てみることにしよう。

洋県の市街地から北に一〇〇kmほど離れた場所には、パンダが生息する「長青自然保護区」(洋県)や金糸猿が暮らす「周至国家自然保護区」などの自然保護区がある。とはいっても車窓からみえる山々はうっそうと茂った原生林ではない。燃料を得るために刈取りが続けられた低木中心の原野である。マツ、センダンやニワウルシ、コマツナギ、コノテガシワなど、日本でも馴染みの深い植物が大半である。谷間にはイネを植

⬆秦嶺山脈山麓の植生。谷間の谷戸に連続する稲刈り時期の棚田

えた棚田が連続し、斜面にはトウモロコシやサツマイモなどの畑が広がる。丁度、早生のイネの収穫時期と重なり、稲作の現状を垣間見た。稲刈りは手刈りである。大勢の農民が作業しており、いわゆる「結い」であろうか、一家族ではない。刈り取って束ねたイネは、穂を上にして立てるいわゆる地干しである。脱穀も人力の足踏みで、干し上げたワラは水田の脇に「にお」積みで保存している。まさに昭和二〇～三〇年代の日本の里地里山であった。およそ三〇〇㎞に及ぶ列車の車窓から、コンバインを目視したのはわずか一台、しかもそれは赤さびた中古のものであった。

　洋県一帯のトキは、昭和五六年の七頭の発見以来、保護増殖対策が徹底し、平成一五年現在、野生の個体は二六五頭、飼育個体は中国国内だけで二九〇頭まで増えた。[101] これらのトキを育む自然環境を解析するため、林業省資源保護局の黄氏とポーターに連れられトキの営巣地へ向かう。市街地から車で一時間ほど走ると丘陵地帯の谷戸に着く。現地は谷筋に幅二～三ｍ程度の小川が流れ、それに谷戸の棚田がつながる。傾斜地は

⬆道ばたの土手までサツマイモなどの作物が栽培される

⬆秦嶺山脈山麓の植生。大半がマツ、センダンやニワウルシなど低木林

⬇屋敷裏にトキの営巣地がある李培珍氏宅の一家

⬆水田での収穫作業。刈り取ったイネを地干しして人力脱穀機を使う

トウモロコシ畑が中心で、道端には土手に至るまでサツマイモやカボチャ、サトイモ、ゴマなどがところ狭しと栽培されている。雑草の生える面積がすこぶる少ない。丘陵地は若いアカマツ林やクヌギ林中心である。

車を降り農耕牛の糞が点在する地道を歩き農家の李培珍氏宅に到着した。お祖母さんと培珍さん夫婦と若夫婦に加え、中国で進められている一人っ子政策が及んでいないのか、子供三人の八人家族である。玄関の軒下にはたくさんのトウモロコシが乾かされ、軒先ではカキの実が膨らんでいた。

農家には電気は通じているがプロパンガスは未だ入っていない。燃料はすべて里山の柴とトウモロコシの茎など、畑から出る植物の遺体、畦や土手の干し草である。家の周りには家畜小屋が二つあり、豚三頭、牛一頭が飼育され、豚は現金収入を得るため販売される。もちろん牛は農耕用兼運搬用で、堆肥生産も担う。家畜小屋の裏には堆肥を作るために糞尿の吐き出し口がある。家畜が踏んだワラが混じった糞尿から堆肥が作られる。屋敷の外にある便所の裏側には下肥の取り

⬆追肥に使う人糞尿、下肥の取り出し口

➡キャベツ畑に下肥を播く

⬆上　屋敷周りには家畜小屋が二つ。ワラ屑の混じった家畜糞尿の堆肥が野積みされている
⬆下　収穫作物を運搬する牛

⬅右　天秤棒に担いで下肥を運ぶ
⬅左　天秤棒で牛糞堆肥を運ぶ農婦と子供

出し口がある。人糞尿は肥溜めで発酵させ、取り出して天秤棒で担ぎ田畑の肥料に戻されている。畦道では天秤棒でカゴに入れた堆肥を畑に運ぶ女性と子供に出会う。筆者が担ぐと前後合わせ三〇～四〇kgくらいあった。堆肥はほとんどが畑の元肥に使っていた。里山の植物が吸収した炭素化合物が燃料や餌、食料に、また、ヒトや家畜の排泄物が肥料になり、原則的に廃棄物が発生しない循環型の生活が営まれている。

　トキの営巣木は李培珍氏宅から歩いて二～三分の裏山にある。巣は直径七〇～八〇cm、樹高一七～一八m程のアカマツの樹冠内にあった。人家から声が届くほどすぐ近くにある。付近は尾根部にアカマツ、斜面部にクヌギが生えるまさに教科書的な雑木林である。クヌギの雑木林では萌芽更新が行われ、伐採木を屋敷の軒下で乾燥させていた。若いクヌギ林の林床は、柴刈りと落ち葉掻きが行き届いているため、見通しが効き明るい。林内には羽化して間もないマユタテアカネやショウジョウトンボが出入りして餌を採る。クヌギの樹幹にできた樹液場ではカブトムシやカナブンが見つ

⬆クヌギ林は区画を決めて定期的に伐採される

➡伐採後萌芽更新するクヌギ

⬆トキの営巣木のある屋敷裏のアカマツ・クヌギ林。樹高は17～18ｍ、幹直径は20cmまでである

⬅トキ営巣木の樹冠内の台座。直径70～80cmほどある

⬆クヌギの樹液に飛来したカブトムシ。日本のものと形態的にはほとんど変わりない

⬅萌芽更新後、萌芽枝を間引いて1～3本程度に仕立て上げたクヌギの若齢林。下草が刈り取られ、落葉落枝も掃除されているため、見通しが効き明るい

⬆里道沿いに生えるキンミズヒキやノコンギク、コマツナギ。いずれも日本のものと変わりない

➡山裾のマント群落を構成するサンショウ。赤い実を多数つけている

➡マント群落のジャケツイバラ。そこになんとオオカマキリ出現。いずれも日本のものと変わりない

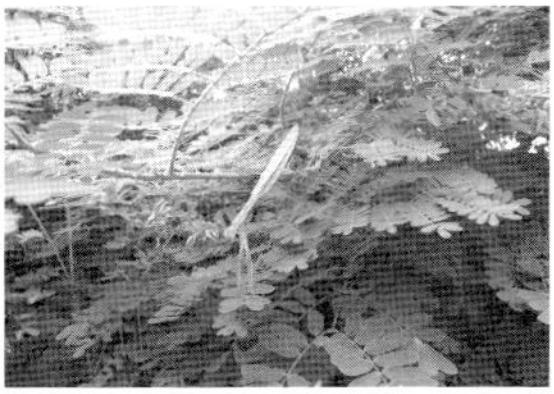

かった。かつての日本の雑木林そのままである。

林縁のマント群落[注1]には、タラノキやヤマグワ、サンショウ、アオダモ、エノキ、ジャケツイバラの仲間が自生し、ソデ群落[注1]にはヤブガラシやヘクソカズラの姿がある。そこでは餌を探すオオカマキリに出くわす。形態、色彩ともに日本のものと何ら変わりない。下刈りが継続される里道沿いに、キンミズヒキやコマツナギ、ノコンギクの仲間など、初秋を告げる野生草花が散見される。いずれの植物種も日本のものと同種か、ごく近縁なものが大半を占めた。日本列島から海を隔て、とても二〇〇〇kmも離れた場所であるとは信じ難かった。

棚田が里山の谷戸の源頭部[注2]まで続き、その間には水田に入れる沢水を温める温水田と思しき区画がある。その溜まりにはハスやクワイを栽培している。収穫前の水田には何と日本と同じ「案山子（かかし）」の姿があった。これには眼を疑った。案山子は日本の『古事記』にもみえ、当時「曽富騰《そほど》」などと呼ばれた。この風習も大陸から日本へ渡った文化要素の一つとみられる。さらに土手にはニワウルシの幹を真っ直ぐに育成したハザギがあった。これは刈り取ったイネを天日干しするための支柱である。日本ではハンノキやヤチダモを使ったものが多い。昭和二〇～三〇年代まで水田の脇に普通にみられた。このハザギも、もとを正せば中国からの伝来ものの可能性がある。李氏の談では、イネの品種は粒がやや長めの「金伏川」というジャポ

⬆谷戸の奥深くまで続く水田。モミ粒が若干長めのジャポニカ米が植栽されている

⬆沢水を入れて水田の導水を温める温水田には、栄養分のある家庭排水も入り、ハス（レンコン）を栽培している

⬆ニワウルシを通直に仕立てたハザ。手前の土手にはカボチャやアスパラが栽培されている

⬆収穫前の水田に立てた「かかし」。日本のものと同じである

⬆土水路の畦際に生えるオモダカやイヌビエ、クサネム、カヤツリグサなど。日本のものと形態的にほぼ同じである

⬅畦にダイズを植えた畦豆。昭和20〜30年代まで日本でも普通にあった。水田への灌漑用水は用排水とも同じ土水路で引いている

ニカ米である。肥料はもっぱら元肥だけで牛と豚の糞尿とワラから作った堆肥を使う。三月下旬から水苗代で苗を育苗する。五月下旬になると水田に植栽位置を印した田縄を張り、草丈二五cm前後の苗を二五cm間隔で手植えする。荒起こしや代掻きは牛耕である。稲刈りは九月下旬から手刈りで行う。中国の農地は「ムー」という単位で表し一ムーは六六七㎡である。李氏一家族の水田は一〇ムー、六反強である。

　最近一部の豊かな農家では、窒素肥料に尿素（七〇kg／ムー）、田草を抑えるために若干の除草剤（秧田浄、二〜三g／ムー）が使用されるようになった。また八月上旬、イネの出穂前に稲苞虫《いねつとむし》を抑えるため一回だけ敵百虫という殺虫剤を三〇〇g／ムー散布する。一人当たりの平均所得は年間約一〇〇〇元（約一万五〇〇〇円）と大変少ない。一帯はほぼ無農薬無化学肥料栽培であるという。平地も谷戸田も稲刈り前まで湛水する。水田周囲の畑では、コンニャクをはじめ、シシトウ、キュウリ、ゴマ、ナス、ピーマン、白ネギ、モモ、ビワ等々、日本の農家とほぼ同じ作物を

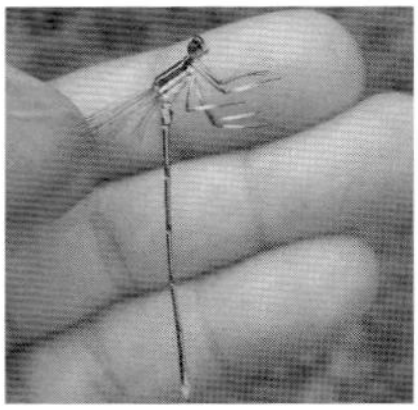

⬆沼では日本とほぼ同じトンボが多数確認される。写真はモノサシトンボ

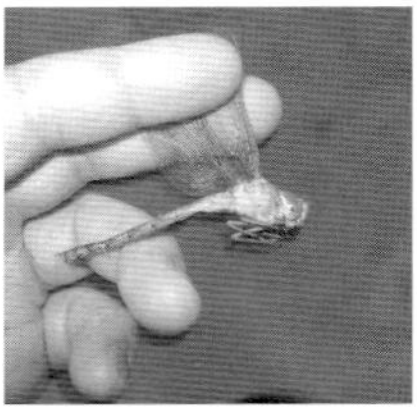

⬆黄昏飛翔するカトリヤンマを捕獲する。日本のものとほぼ同じ形態である

⬆土水路で泥んこになって遊ぶ「水ガキ」も健在である

➡沼に浮かぶデンジソウ

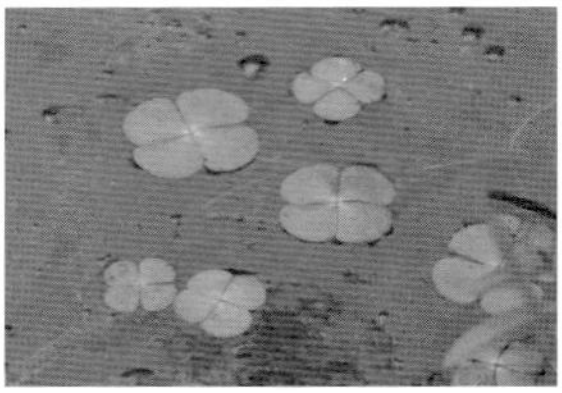

➡オオアカウキクサ。この植物もデンジソウも日本では絶滅危惧種である。ウキクサの奥にコセアカアメンボが浮いている

⬆水はけの悪い沼で水浴びする牛

栽培していた。まさに日本から来たのではなく、長い歴史のなかで日本へ伝わった作物の姿であった。

水田に入ると、畦にはダイズを植えた、いわゆる畦豆が普通に栽培されていた。これも昭和二〇〜三〇年代までの日本と全く同じである。よく歩く畦にはコウライシバ、その周囲はメヒシバが優占する。水田内にはコナギ、オモダカ、タイヌビエが生え、水田脇では、マユタテアカネやキイトトンボ、シオカラトンボ、オオシオカラトンボが縄張りを作っている。わずかに開けた水面に産卵するオオシオカラトンボを捕獲した。夕闇の田上では無数のカトリヤンマが黄昏飛翔する姿がどこでも観察された。捕獲するとどうみても日本のものと同じである[102][103]。この姿は日本では今は昔、近年各地でカトリヤンマが激減している。筆者はこのヤンマが群れ飛んだ幼少時の谷戸田を思い出した。昭和四〇年代までの日本では、このカトリヤンマは里山の林縁に無数に確認された。あまりにたくさんいるので当時の昆虫少年には「駄物」に過ぎず子供の心を躍らす昆虫ではなかった。徹底循環型の里地里山の暮らしがあるからこそ、ここ洋県には無数のカトリヤンマが飛び交うことができるのである。

田に入れる水は、土水路で導水する。この水の引き込みもとになる小川では、多数のアオハダトンボがヤナギの枝に止まって縄張りを作る。カエルが飛び込む音を聞いたが姿を確認できなかった。あとで道ばたにトノサマガエルの死体を発見したので、その可能性が高い。水底や抽水植物の株間を網で探るとタイコウチやメダカ、ドジョウ、フナの稚魚が見つかる。泥んこなって魚採りに興じる子供達の姿も健在である。

水はけの悪い沼は、牛の水浴び場として使われる。そこにはヒシやガマの群生地があった。これらの水生植物の株間にはデンジソウやオオアカウキクサなど、日本では絶滅危惧種になるまで減少した水草が群生している。水草の横にはコセアカアメンボが水面に浮かび、水生植物の茎葉にはショウジョウトンボやベニイトトンボ、モノサシトンボが止まり、ギンヤンマが沼全体に縄張りをつくり、パトロール飛翔を行っていた。

田んぼの畦や土手の草は農耕牛の重要な餌である。農夫に連れられ牛が散歩しながらメヒシバやイヌビエ、コウライシバなどの草を食べ、残りの畦草を手刈りする。結果として牛が食べないシュウメイギクやキンポウゲ科の植物、トゲのあるナツメ、あまり好まないキク科植物やホシダなどが目立つ植生になる。最後には、これらも刈り払われ燃料や堆肥になる。

⬆牛を散歩させ、農道脇の草を食べさせる農夫

　繁殖期のトキは、これまでに述べた営巣地近くの谷戸水田や小川で餌を採る。初夏、営巣と巣立ちを終えたトキは、イネが繁茂した夏場の水田には入れないため、溜池や川の浅瀬、土手に降り立ち、集団で餌を採るようになる。水生生物も食べるが夏場の主食は、大量に発生するオンブバッタやショウリョウバッタなどの直翅目である。

⬆溜池の浅瀬で採餌するトキの群れ

また、非繁殖期のトキは集団でねぐらに集まる。そのねぐらは、営巣地と同じくやはり民家の直ぐ裏山にある。農道を歩き裏山にねぐらがある周 念宝氏宅の方へ伺う。周氏は比較的裕福なナシの生産農家で、庭先で出荷の真っ最中であった。作業を行う農民の顔つきは日本人と何ら変わりない。

夕方、一八～一九時、トキは断続的にほぼ単独でねぐらへ戻る。夕闇をぬってトキがねぐらに帰り始めると、農家の老婦が裏山をみて「朱鷺《ジュル》、回来《ホイーグイ》！（トキ、お帰り！）」と叫ぶほど、ヒトの生活に身近な存在である。羽の色が夕闇と重なり、どのあたりの樹冠に飛び下りたか判別が難しい。保護色で天敵を避けているかのようであった。裏山は樹高二〇m前後のクヌギの雑木林である。ここでアオサギやコサギが営巣し、トキもこの樹冠のなかでともに夜を過ごす。クヌギの下枝は燃料用に枝打ちされ、数年に一回程度、下草が刈り取られているため林内は比較的明るい。林縁ではモズやホオジロ、エナガ、キジバトの仲間の姿や鳴き声がする。トキは、毎朝六～七時、明け方から餌場の溜池や川沿いへ向かう。この辺りではトキ保護のために立木伐採が禁止されている。燃料は大量に採れるトウモロコシの茎葉、それに雑木の下枝、枯れ枝である。

トキ保護センターの王耀進さんからのヒアリングによると、飼育中のトキには一日二回に分け一頭五〇〇g程の餌を与える。一回は牛肉七五%に鶏卵一〇%と配合飼料等を混ぜ一〇〇～一五〇g、二回目はドジョウ二〇〇～四〇〇gである。野生では約二六五頭が生活しており、これらの大食漢が世代を継承していくため

⬅夕方、ねぐらに到着寸前のトキ

⬅ねぐらのクヌギ林内。アオサギ、コサギなども同居する。クヌギの下枝が払われ、数年に1回下草が刈り取られるため林内は比較的明るい

➡果樹生産農家で生活がやや豊かな周氏宅。裏山はトキがねぐらにするクヌギ林

⬆洋県トキ保護センター、野生放鳥に向けた馴化施設。沼地、草地、樹林が人工的に作られ、飛翔訓練も行う。

⬅馴化施設の沼でドジョウ等の水生生物を食べる訓練を行う増殖トキ。コサギも混じる

には、一日当たりおよそ一三二kg、年間四八t強の水生生物や昆虫が必要になる。保護センターには増殖トキを野生化させるための馴化施設があり、その中には沼地や草地、樹林が作られ、飛翔や採餌訓練を行っている。

二六五頭の野生トキを養うためには、大量の餌生物を育む農地や河川、湖沼が必要である。このような自然環境の礎は、まさに里地里山における無農薬無化学肥料栽培による食料生産である。もちろんこの生活は里山の薪柴を燃料とし、人糞尿や牛糞堆肥を肥料として循環するサスティナブルな生活に依存している。日本でも昭和二〇～三〇年代まで普段に見られた里地里山の生活である。野生トキのすむ洋県一帯は、生態系を構成する動植物、ヒトが食する品々、それに日常の生活文化の諸要素に至るまで日本列島との共通性が高く、これらが長い歴史過程のなかで、大陸から日本に渡来、伝来したとしか言いようがない状態であった。

さらに現地の方々は発音が違えども漢字を使う。日本人は普通、筆者の姓「養父」を「ようふ」と読むが、

本当は「やぶ」である。中国語の発音では「ヤンプ」となる。日本人の読み方よりも、現地の発音の方が本当の読みに近いことに気づいた。

2 食事と食材、生活文化における共通性

洋県から日本へ帰るため、漢中駅から列車に乗車し、空港のある西安で下車する。この間、漢中と西安市内では一日ずつ予定を繰り下げ市内の生活取材を行った。その日本から直線距離で二〇〇〇kmも離れた地で、トキを始めとする野生の動植物や、まさに日本列島に伝わったさまざまな文化的要素を見聞することになった。

漢中市は、中心部の人口が約三七〇万人の大都市である。市内には後述する「武漢」で長江に合流する「漢江」が流れる。日本の川のように高水敷[注3]がなく、河川敷の湿地帯で牛が悠然と草を食べ、その周囲には牛の歩行に伴い飛び跳ねるバッタなどを求めコサギやアマサギが集まっている。

⬆漢中の市街地。中心人口370万人の大都市である

⬆長江の支流「漢江（漢水）」。高水敷がなく、河川敷には湿地が広がり、牛やサギが餌を取る。湿地にはアサザやデンジソウも群生する

洋県から漢中市街までは車で移動した。郊外の植木畑では、クスノキやキンモクセイ、ザクロ、ロウバイなどが栽培されている。食堂での食事は香辛料が強く脂っこい料理が多く、あっさり系は少ない。干した牛肉や羊肉、ラッカセイや野菜も大半が油炒めで多くは辛い。ご飯には少しパサパサの熱帯ジャポニカ系と思われる米が使われ、少々閉口気味になった。通訳の孫

⬆店頭で販売される出目金、和金などの金魚。売り方も金魚も日本に伝来したようだ

⬆漢中市内の食堂で出される香辛料が強く脂っこい料理。羊や牛肉の薫製などが主菜である

⬆リヤカーに並べて野菜を売る行商。売り方も品揃えも日本に伝わったとも理解される

⬆園芸店で販売される盆栽や観葉植物

岩君と下町の商店街を歩き園芸店などが並ぶ街区に入り込む。そこでは何と道端にたらいを並べた金魚売りを発見した。出目金や流金、和金、蘭中、錦鯉の稚魚まで並ぶ。昭和三〇年代まで日本の縁日で見られた光景である。さらに園芸店に入ると軒先にサザンカの大きな盆栽がある。店内には観葉植物に混じって中小の広葉樹の盆栽が所狭しと並ぶ。さらには九官鳥やカササギの幼鳥を販売する鳥カゴがあった。街路に戻り裏道を行くと、鍋釜、バケツなどを並べる金物屋、露店でミシンを構えた繕い屋、さらにはリヤカーの野菜売りの姿があった。長ネギやニラ、ショウガ、トマト、キュウリ、ハクサイ、ピーマン、ホウレンソウ等々、リヤカーに並べた野菜の品揃えと、その陳列方法は昭和四〇年代まで日本でも普通にあった行商を連想させた。

このあと列車で西安に戻る。約七時間半、寝台列車での旅である。車中、向かいに座ったお孫さん連れのお祖母さん達、車内案内の乗務員や治安維持のために乗車する警官、言葉は違えども大半の方が日本人に本当によく似た顔立ちである。並んで写真を撮ってもらったが中国で撮影した記念写真とはとても思えない。

西安に到着すると雑踏の渦に巻き込まれる。九月入学の大学生達が地方から西安に押し寄せているというのだ。市内は建築ラッシュである。道路は自動車で溢れ大渋滞が絶えない。この渋滞に追い打ちをかけるのが、入り乱れて道行くロバの荷車やバイクリヤカー、自転車、歩行者である。街路樹には、市の木に指定されたエンジュや市の花であるザクロが多く、プラタナスやクスノキに混じってムクロジやネムノキの仲間などがあった。公園内の植え込みの周囲には雑草が繁茂し、作業員が除草の最中であった。採り集めた草種を見せてもらうと、カナムグラやメヒシバ、イヌビエに加え、スベリヒユやカタバミ、ヒメクグなどがある。ほとんど日本と違わない。

滞在先は、明の時代に建造された城壁内に位置し、かつてシルクロードの発着地であった「安定門（西門）」と「鼓楼」のあいだに立つ建物が「文苑大酒店」である。早速、夜の街を取材する準備をした。夕食は城壁内の食堂に入り「しゃぶしゃぶ」を食べる。牛肉や豚肉、豆腐、もやしなどを軽く湯がいて醬油味で食べる。

⬆漢中から西安に向かう列車車内のお祖母さんと孫の２人連れ。車内で出会う乗客の大半は言葉が違えども顔立ちは日本人とほぼ同じ（左は筆者）

この日最後にテーブルに出されたのは、日本でいう棊子《きし》麺である。棊子麺の原型である切麺は、唐時代の不托《ほうとう》に起源を発する。不托発祥の地は、この地、西安に加え太原と洛陽という三つの古都を結ぶ三角地帯にあるという。[52,104] まさに棊子麺の生まれ故郷で出会ったうどんであった。また、「しゃぶしゃぶ」の起源は中国にあり、羊肉を鍋で煮炊き、醬油などのタレを付けて食べる「シュワンヤンロウ」が原型という。第二次大戦後、この料理の肉を牛肉などに代え、タレも日本人好みに変え、大阪人が「しゃぶしゃぶ」と命名したという。

➡街路樹には市の木であるエンジュのほかプラタナスが多い。写真はネムノキの仲間

⬆西安市内。総人口716万人（2004年）の都市で道路は車の渋滞が耐えない。太陽を見ることもなく大気汚染が相当ひどい

⬆左　西安、旧市街地の繁華街。歩道脇に鳥カゴを掛けている。少女が見入るなかにはアトリ科の鳥の姿あり

⬆右　鳴く虫を虫カゴに入れて飼育し、鳴き声を楽しむ文化があった。なかにはキリギリスの姿。これも日本に伝わってきたものである

➡プラスチック製の生物のおもちゃを売る露天。カエルはトノサマガエル、バッタはショウリョウバッタと認識できる

⬇左　干し果物を売る市場。干しナツメやリンゴ

⬇右　遠い昔、中国大陸から日本にやって来た本場の干し柿

このあと城壁外周の街へ取材に出る。夜の雑踏を歩くと歩道の照明灯に鳥カゴが掛けられ、なかにはアトリ科の野鳥の仲間が飼育されている。鳴き声を楽しむ習慣がある。さらに街路樹の枝に虫カゴがつり下げられ、なかにはキリギリスの仲間が入っている。露天の店主に聞くと販売用とのことである。日本と同じように鳴く虫の声を楽しむ。竹製の鳥や虫カゴはもちろんのこと、生物の鳴き声を楽しむ日本の文化も大陸からの渡来物ではないのか？　歩道を進むと、プラスチック製の生物のおもちゃを売る露天に出くわす。着色にいい加減なものが多いなか、カエルはトノサマガエル、バッタはショウリョウバッタと識別できる。カブトムシもオオクワガタもほぼ日本のものと色形はほぼ同じである。

食品店の軒先に甘栗を炒る香りがする。甘栗は大正時代に日本へ渡来した新参者という。さらに進み干し果物の市場をのぞく。干したナツメや小型のリンゴの傍に何と干し柿の姿があった。もちろんカキの木は中国大陸から日本に渡った果樹である。「干し柿、お前もか！」と一瞬言葉が出そうになった。道端には串焼き屋が多数あった。羊肉や鶏肉、ザリガニなどの串焼きを食べる。日本の串焼き文化も伝来物なのか？　幾多の紆余曲折はあるにせよ、有史以前から動植物や農作物、食文化、それに里地里山の暮らしそのものが、まさに長江流域や朝鮮半島などにつながり日本列島に渡来、伝来したことを実感した。

第2節 長江中下流域
―日本と酷似する湖北省武漢市郊外の農村の暮らしと生態系

1―漢江によって漢中とつながる武漢

長江流域の里地里山とその暮らしを検証するため、前述の漢中から下流へ約七五〇km、漢江が長江に合流する武漢に向かった。平成一九年（二〇〇七年）九月、上海空港で同済大学規制研究院の高　崎先生と張　海美研究員の出迎えを受け、このあと、研究員が同行のもと于、登坂、川島の各氏とともに国内線に乗り換え武漢空港に飛んだ。空港に着陸直前、機内から地上を眺めると、先に調査に入った漢中市内を流下する「漢江」が長江に合流する姿を確認できた。この漢江は長江とともにヒトと文化の行き来を促してきた。また、武漢市の市街地とその周辺の農村地帯には、長江の河跡湖や低湿地帯が広がり、その多くが川魚の養殖に使用されていた。空港を出ると駐車場には日本と同種のクスノキの並木が連続し、不思議な安堵感に包まれた。

このあたりで長江に架かる橋は延長一六〇〇～一八〇〇mもある。川では運搬用の汽船が行

⬆武漢市郊外、長江の流れ。周辺には河跡湖など、低湿地帯が広がる

➡武漢空港のクスノキの並木

➡日本のものに非常に近いクスノキの葉と形態

き交う。長江はチベットから河口の上海や杭州まで約六三〇〇kmもある。まさに日本に数多くの文化と歴史を伝えた大河である。この大河は、世界で最も絶滅の危機に瀕する哺乳類、ヨウスコウカワイルカの世界で唯一の生息地であったが、すでに絶滅が宣言されていた。ところがその矢先、「Record china」は、平成一九年八月三〇日、一頭の生息が確認されたとの朗報を出した。しかし、絶滅の危険域は脱していない。また、「大紀元報」は、平成一九年六月一～四日、武漢市近郊の養殖水域約九四haで、汚染された工場や生活排水によって約一五〇tの魚が死滅したことを報じた。周辺では大規模な製鉄所や食品工場などが乱立し、新幹線の建設やビル、マンションの建設ラッシュである。道路は車で大渋滞する。長江の河跡湖である「東湖」のうち市街地に近い部分では水質が特に悪化し、水はどす黒く濁っている。大気の汚染で目に痛みを感じる。下水や工場排水、排煙の影響が相当大きいと思われる。

⬆上　林床に定着したクスノキやシュロの実生
⬆下　草本層に定着したクサニワトコ

⬆東湖岸公園のクスノキ植栽林の林相。低木層、草本層には鳥散布型種子を持つ植物種が多数定着

公園の森林にはクスノキが列植され、樹高は二〇m以上に達している。単一種の造成林であるため亜高木層がなく、いきなり低木層になる。低木層には鳥類や動物による種子散布によって、自然定着した植物が群落を形成し、シュロやクスノキ、エノキ、マグワ、トウネズミモチ、ウスギモクセイに近い常緑のモクセイなどが混生する。エノキは先に述べた洋県の個体に比べ、より日本のものに形態が近い。草本層にはクサニワトコやナガバジャノヒゲ、ヒカゲイノコズチ、エビヅルなどが定着している。草本層の植物はいずれも日

本のものと形態がきわめて酷似し、ごく近縁種と識別される。

2　長江の河跡湖における動植物の共通性

上海同済大学の研究員が運転する車に乗り、ヒトの暮らしと生物の姿を探りに農村部に入った。長江の河跡湖「東湖」沿岸に降り立つと、水際にはヨシ群落が広がり、そのあいだにピンクの花を咲かせるハスが群生していた。よくみるとマコモやヒメガマの群落もある。日本にも飛来する水鳥のクイナやバンが生息し、ハスの上にはヨシゴイの幼鳥がいる。日本にも繁殖のため夏鳥として渡来するこれらは、この地で巣立ったのであろう。

⬆長江河跡湖、東湖沿岸のエコトーン。ヒメガマやハスなどの水生植物が多様な環境構造を形成

➡枯れたハス葉上に静止し、保護色で身を守るミゾゴイの幼鳥（写真中央）

ヨシの群生地に沿って歩くと、日本では絶滅危惧種の水草であるサンショウモやデンジソウ、オオアカウキクサ、アサザが普通に自生する（洋県でも確認）。ヒシやアオウキクサも水面に浮かぶ。沿岸にはキシュウスズメノヒエの仲間が優占し、オモダカなどが混生する。観察を続けること約一時間、ギンヤンマやショウジョウトンボ、アジアイトトンボ、ベニイトトンボが水生植物に囲まれた水面を飛び交う。目を凝らすとオオセスジイトトンボとベニトンボが、ヨシの枝葉先に点在して静止していた。日本では前種が東北地方及び利根川と信濃川水系だけに生息し、後種はほぼ同緯度で約一六〇〇km離れた鹿児島県指宿市の「池田湖」、「鰻池」以南に生息する。いずれも絶滅危惧種である。

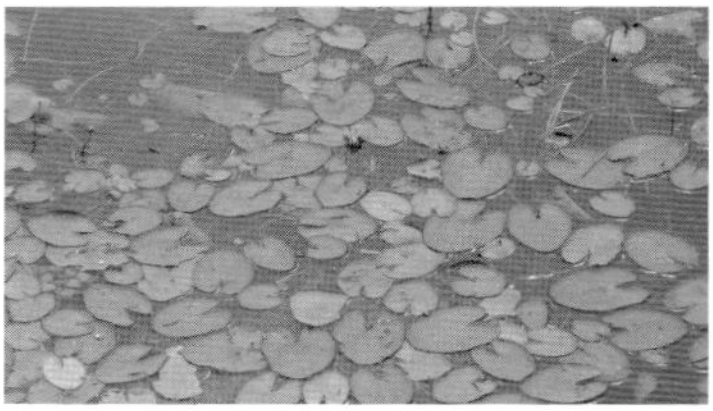

⬆黄色い花を咲かせるアサザの群生地

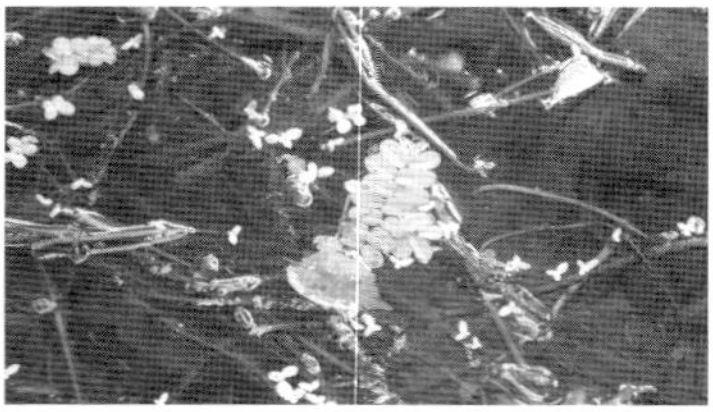

⬅エコトーンの水生植物。サンショウモに加え、アオウキクサもある。日本のものとほとんど変わりない

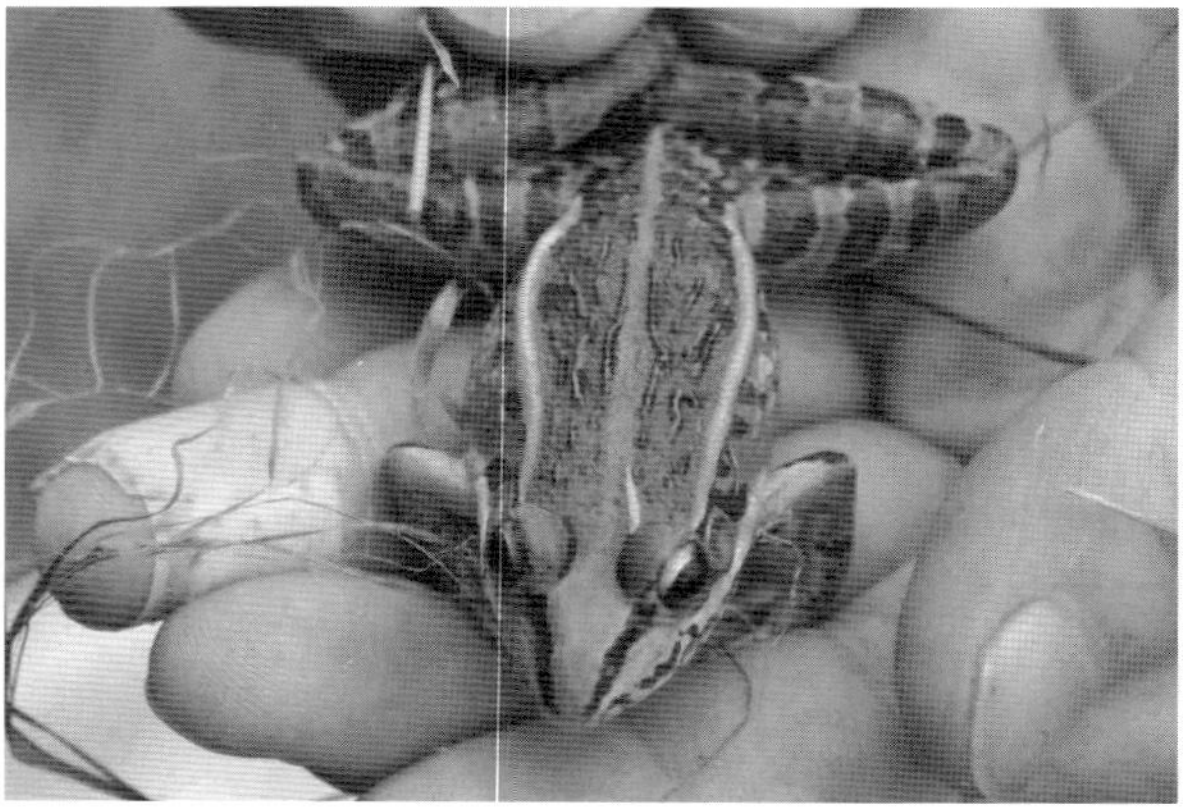

➡水際にはトノサマガエルが生息し、歩くと水中に飛び込む

⬇沿岸で縄張り行動をとるベニトンボ（写真中央）。日本では鹿児島県以南に生息

⬅右　水辺には木船が健在。沿岸にはエノコログサの仲間（写真右側）が群生地を形成
⬅左　漁師宅の前では初老の夫婦がもんどり状の網を繕う

水域に水網を入れて水生生物を探ると、最初に飛び出したのはトノサマガエルである。捕獲して形態を詳細に観察したところ日本のものと変わらない形態である。文献で中国と韓国と日本のトノサマガエルのDNAの解析結果をみると、遺伝的な変異の程度が低くほぼ同種と考えられている[60][105]。網を入れるとメダカ、ドジョウ、それにヒメタニシの仲間、メダカは遺伝的には分化したものとはいえ日本のものと同種である[106]。まさに群れを作って水面を泳ぎ「メダカの学校」を演じている。水底の落葉落枝をすくい上げる。そのなかにはナベブタムシの仲間やコシアキトンボ、シオカラトンボ、オオシオカラトンボ、モノサシトンボの幼虫が発見される。

農村部の湖畔には、手こぎの木船

も健在であり、近くの民家前では漁夫がもん取り状の網カゴを繕っていた。よろずやに入ると老婦達が集まり賭け事をやっていた。漁夫といい、老婦といい顔立ちは日本人そっくりである。

3 ― 水田や雑木林における動植物の共通性

車で農道を移動し水田に降り立つと、イネは収穫時期であった。もちろん手刈りで刈取ったイネは田面に並べての天日干しである。田に引く水を温める温水田ではハスが栽培されている。収穫直前の水田では畦を切り水が落とされ田土は乾いている。そこには鍬を使い人力で排水溝を掘る農夫の姿があった。穂を見るとやや長めのモミである。畦の草むらにはアキエノコログサなどのイネ科植物が目立ち、歩くとショウリョウバッタやコバネイナゴ、コバネササキリ、ハネナガヒシバッタなどが飛び跳ね、田上にはウスバキトンボ、シオカラトンボが飛び交う。水田の周囲には用排水に使う土水路がありデンジソウやヤナギタデ、ヌマトラノオの仲間が観察される。水の便が悪い尾根部の畑には綿花が栽培されている。これも中国大陸を経て日本に入った重要な工芸作物である。農道わきの茂みには

⬆左　暗渠が入っていない稲刈り前の水田では人力で溝を掘り水を抜く
⬆右　手刈りで稲を刈り、地干しでモミを乾燥させる

➡道ばたの茂みにはヤマグワの仲間が群生

⬆周囲の里山では燃料を得るためマツだけを刈り残して柴刈りが行われる。手前の湿原はマコモの大群落

⬅伐採を免れ保護された風景区の雑木林。尾根部にはアカマツの仲間が優占

⬅日本のものより葉が分厚いクヌギ。葉形はほぼ同じ。斜面中腹から下部ではコナラやクヌギの仲間が優占。日本でも同じ植生配置が存在

⬆同じく葉が分厚く切れ込みが深いコナラの仲間

⬅マント群落に混生するヤマグワの仲間。洋県でもみた種である

⬆林縁の草地で開花するヒガンバナ

⬅ソデ群落のイノモトソウやカラムシ、キツネノマゴ、カタバミ

ネムノキやクワの仲間、センダン、ナンキンハゼ、イシミカワなどの先駆植物が群生する。里道の沿道には日本では園芸植物のタマスダレやニチニチソウが野生化し、帰化種のアメリカアサガオやマメアサガオの茂みが群在する。ニチニチソウなどの花に、何とナガサキアゲハが飛来した。捕獲して形態を確かめたが日本のものと何ら変わりなかった。さらにセミの仲間、ツクツクボウシ似の鳴き声が聞こえ、樹幹にはそれと思わしき羽化殻を発見した。

水田を取材したあと、待ちに待った里山に向かった。気候は亜熱帯湿潤モンスーン気候に属し、冬季には氷点下にさがる日もあるが七月の平均気温は三〇℃前後に達する。[107] 農村部の里山では、柴刈りが継続されており、尾根から斜面下部まで、マツだけを刈り残して育成する植生が広く分布していた。昭和二〇〜三〇年代までの日本の里山の景観と同じである。

このあと植物相を観察するため伐採されずに保護されている「東湖磨山景区」の雑木林に車を回してもらった。現地の樹林の相観をみると、尾根部から斜面上部は、アカマツにクヌギやコナラの仲間、アキニレに近い形態のニレ類などの落葉広葉樹が混じる混交林である。斜面中腹から下部にはコナラやクヌギが優占する落葉広葉樹林が広がり、一部に常緑性のカシ類を混交していた。コナラやクヌギの仲間の葉は、分厚くゴツゴツし、日本のものとの違いを判別できた。林縁のマント群落にはフジが絡み上がり、ヌルデやウツギ、ナワシログミ、ヤマグワ、マグノリア属の仲間が混生する。ソデ群落にはエビヅルやヒメイタビ、カラムシ、イノモトソウ、キツネノマゴなどが自生している。草刈りが頻繁な里道の沿道を歩くと、何と林縁にはヒガンバナが開花していた。早速、地下の鱗茎を掘って調べたところ分球の程度が少なく、花茎には種子を付けている。日本には入っていない二倍体の *Lycoris pumira* の可能性が高い。

↑小魚やテナガエビのフライ

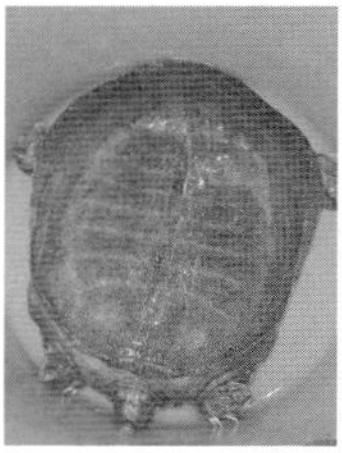

←右　スッポンを食べる文化が根付いている。解体前の個体
←中　スッポン肉を醤油味で炊き込み、その出汁で切り麺（棊子麺）を食べる

↑短粒米の粥

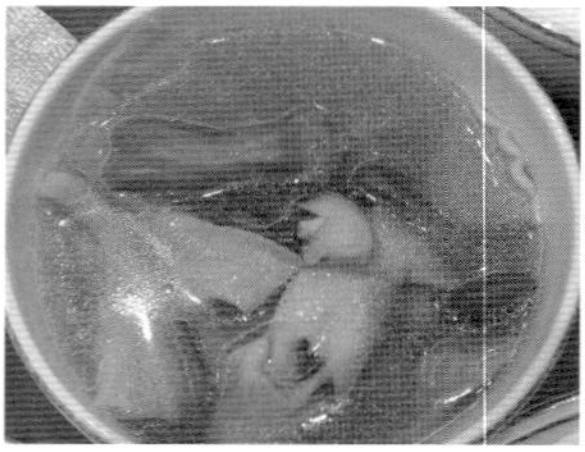

↑タケノコとキノコのスープ

↑湯がき菜っ葉の醤油漬け

4―食事と食材、生活文化における共通性

夕方、武漢大学横にある宿泊先に戻り、市内の「夜雨山巴」というレストランに案内された。武漢市役所で東湖生態旅游風景区管理委員会に勤める厳 運新さんに料理を注文してもらう。すると、日本と同じく、この地でもご馳走にスッポンを食べる習慣があった。客に品定めをしてもらうため、女店員が煮込む前の生きたスッポンをバケツに入れて持ってきた。このあと解体されたスッポンがテーブルに載り、切り込んだ肉を味噌で煮込んで食べる。味は唐辛子で辛い。肉を食べたあとには何と、棊子麺を煮込みはじめた。西安だけでなくここでも棊子麺を普通に食べるようだ。日本でも水炊きやすき焼きのあとにうどんを煮込むのと同じ要領だ。そのほかの料理は全般的に脂っこく、香辛料の香りがきついが食材は日本と同じである。雑魚（ソウギョ）と川エビの唐揚げ、干し肉の薫製、ホウレンソウとショウガの炒め物、茎ニンニクの炒め物、湯引きした菜っぱの醤油漬け、タケノコとキノコのスープ、春巻きの皮にチャーハンを包んで軽く揚げた品、チャーハン、揚げパン、ドーナッツなどであった。最後には何とジャポニカ米のお粥が出てきた。まさに中国から伝来した「日本食」での幕締めであった。

⬆ニガウリとチャーシューの炒め物

⬆ニワトリの内臓、卵の醤油炒め

⬆ソウギョとサトイモの煮付け

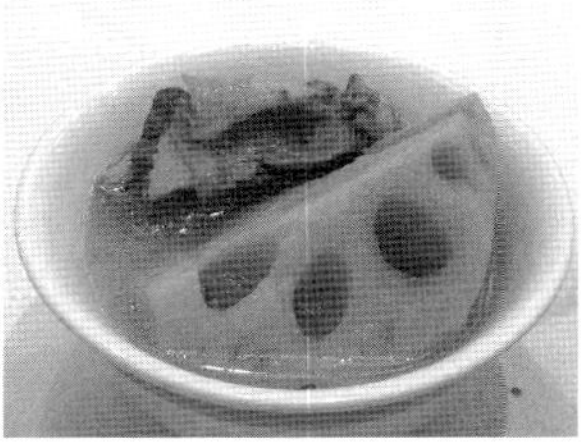
⬆レンコンと鶏肉の煮付け

⬆シイタケの煮付け。味付けは違和感なし

⬆キクナの醤油漬け

翌昼、「東湖」岸の「湖濱客舎」で食事をした。中国に入り、ここではじめて眼にした料理は、カレイの唐揚げ、サトイモと魚（ソウギョ）の煮付け、チャーシュー、牛の腸の煮付け、ゆで卵の薫製、鶏肉と胎内卵やニガウリの炒め物、キクナの醤油漬け、シイタケの甘醤油煮、レンコンとシイタケの煮付け、煮たカボチャで短粒米のご飯を包みあんかけにした一品などであった。主食の白ご飯は粒が長めで粘りが少なく、インディカ米の血が通っていると思われる。ただし、サトイモやレンコンの煮付け、シイタケの醤油煮、短粒米のお粥は、まさに日本風であり安堵感を覚えた。いずれも西安や漢中、洋県では味わえなかった日本につながる食生活が息づいていた。

武漢市郊外の農村でみた植物や生物は、日本の水田や池沼、小河川に生息する生きものたちである。西南日本が落葉広葉樹林で覆われていた約一三〜一八万年前のリス氷期には、第2章で述べたように日本列島は大陸とつながっていた。トノサマガエルやメダカ、ドジョウ、ベニイトトンボやアジアイトトンボなど飛翔力の弱いトンボ類、デンジソウ、オオアカウキクサなどの水草は、この地続きの時に日本に渡り、縄文海進時期以降の温暖化とヒトによる稲作の北進によって自力で北上した。あるいは縄文後期から晩期とそれ以降、

⬆武漢空港でハスの実を売る日本人似の農婦

ヒトが大陸から稲作とともに連れて持ち込み北上した。実際には、これらの営みが複合的に連動し分布を広げた可能性が高い。長江の河跡湖とその周囲の農地でみた動植物は、昭和二〇～三〇年代まで日本にも溢れんばかりに息づいていた種類であった。

食事では西安や漢中の食堂で食べた料理に比べると、だいぶ日本人の味覚に共通する傾向が強くなった。これらの食材や味覚も有史以前から、稲作や里地里山文化などを携えた渡来人や、その後の遣唐使などが断続的に持ち込んだものと考えられる。しかし後述の山東省膠南市郊外の農村で食べた料理に比べると、まだまだ違和感を隠せなかった。

武漢のレストランから帰りがけに従業員の女性、それに案内頂いた初老の厳 運新さんと写真を撮った。いずれの方も日本人似であり、長い歴史のつながりを痛切に感じる顔立ち、姿であった。帰り際、武漢空港の入口では、おばさんがハスの実を竹カゴに入れて売っていた。青いうちに実を食べるという。古来よりハスの実は松の実などと並び健康食品として珍重されてきた。一つ一元で買い求め標本にして日本に持ち帰った。『古事記』や『日本書紀』の時代にも登場するハス。この植物にまつわる文化や習慣もヒトと一緒に日本列島に渡ったのである。

第3節　渡来人が出航した青島《チンタオ》
──山東省膠南市郊外の農村の暮らしと生態系

1──野生動物の半家畜化と自給自足の里山生活

平成一九年（二〇〇七年）三月二八日、中国大陸温帯モンスーン地帯に分布する早春の動植物と、里地里山の暮らしを調べるため、成田空港から大連経由で青島空港に降りた。空港では青島市域にある膠南市役所規制（都市計画）局の余 紅副局長の出迎えを受けた。市役所の車に乗り青島都心から高速道路を一時間半ほど走って「泊里」インターチェンジで降り「蔵南鎮」の農村に向かった。

この地を取り囲む、膠洲湾や琅邪湾沿岸は、秦の始皇帝がアワ、キビ、ムギ、イネ、マメからなる五穀を与え、農業、医薬、織物などを広め、長生不老の仙薬を得るため、東海の日本列島を目指した「徐 福」の出航伝説の地である。今から二五〇〇～二六〇〇年前の春秋戦国時代に、徐 福は男女三〇〇〇人と数多くの百工（技術者）を連れ日本を目指したという。[108] 徐 福は司馬遷の『史記』に記され中国では実在の人として江蘇省連雲港市徐阜村にその遺跡も発見されている。連雲港市は、調査地の「蔵南鎮」から直線距離で一三〇㎞ほどのところにある。

現地の年平均気温は一一～一四℃、降水量は五五〇～九五〇㎜ほど、温帯モンスーン地帯である。[109] 一行にはコーディネーターの于 黎特氏と大連で働く通訳の刈谷氏のほか、日本からは川島 保、登坂 誠、野村 一雄の各氏が一緒である。途中、調査の許可を得るため役所の出張所に寄ると玄関にはオオムラサキツツジ（ヒラドツツジ）の鉢植えがあった。見事な花を咲かせ、同種が日本の公園や街路に広く植栽されていることを思い起こした。

麓の農家における循環型の暮らし

村の中心では庭にウメやロウバイなどの花が咲き、まるで桃源郷のように美しい。村長の案内で未舗装の村内を歩き農家へ調査に入る。

屋敷周囲の木立の樹冠にはカササギの巣が点在する。家屋の大半はレンガ、または石積みで接合部には粘土を使う。門扉の屋根の外装には瓦が使われているが、骨格は木材、下地は麦ワラである。庭には切り出した花崗岩が保管されている。すべて里山から調達されたものであり、昭和二〇～三〇年代までの日本と同じように地産地消が大原則であった。部屋に入ると麓の家には既に電気が通じ、プロパンガスが入っている。しかし、煮炊きと暖房に使う燃料の主役は、里山から採取した柴や畑で収穫した作物殻である。竈で燃料を使って煮炊きする暖気が、木製ベッドの下を流れ室内全体を暖めている。屋敷の周囲には、どの家でも柴や作物殻などの燃料をうずたかく積んで保管している。多くの家では牛と豚を飼育し、ニワトリが庭先を走り回っていた。屋外には家畜糞尿の塊が随所に点在し、道端で発酵させている。牛は耕耘と荷役、肥料生産の主役でもある。元肥に牛糞堆肥を搬入する水田も散見される。家畜の肉は収入源、糞尿は田畑の堆肥に循環していた。さらにトイレも水洗ではない。肥溜めには発酵途中の人糞尿が保管され、どの家の外縁にも大小別々に設けた下肥の採取口が並んでいた。すでに電気が通いバイクやテレビ、冷蔵庫を持つ家も散見されるが、食料、燃料、肥料は自給自足である。

浅い谷戸に続く未舗装の農道を行く。切り土斜面の岩間からじわじわしみ出す湧水の周りには、サギソウ、

⬆屋敷の建てづくり。花崗岩の割石を積み上げた柱や壁。徹底した地場品の活用である。接合部には粘土を使う

⬆玄関だけはレンガを粘土で接着して積み上げ、屋根裏には麦ワラを使う

⬆牛糞堆肥は主として水田の元肥に使用。写真右側の棚田には一山ずつ搬入されている

⬆農耕、運搬、堆肥生産用の牛が多くの家で飼育され、屋敷周りで牛糞堆肥をつくる

⬆ウメやロウバイなどの花が咲き桃源郷のような蔵南鎮の風景。周りの木立の樹冠にはカササギの巣が点在

⬅竈で柴や作物屑を燃やして中華鍋を煮炊きし、その暖気を寝台下に流すオンドル方式で室内暖房する

⬆屋敷周囲には煮炊き、暖房に使う柴を積み上げて保管している。写真正面の屋敷が村長宅

➡肥溜めと畑の追肥などに使う発酵した下肥の取り出し口

アケボノソウの仲間など、湿地植物のロゼットが点在する。初夏には可憐な花を咲かせるはずである。小高い里山の眺望地点から谷戸を見渡すと、土堤の小川が流れその周囲には水田、畑、里山が連続する。乾きの良い水田は、麦の二毛作田である。里山には二m四方に一本程度、クロマツが植林され、地味の良い斜面の裾にはクヌギが点在する。林床は草刈りされ、ススキやチガヤが優占する。刈草は家畜の餌や焚き付けになる。草刈りしにくい窪地にはスイカズラやシナレンギョウなど、マント群落の構成種が群がっていた。

谷戸の水田に降り立つと、畦にはハコベやナズナ、カラスノエンドウ、タンポポの仲間が混生し、タンポポの形態はカンサイタンポポによく似ていた。土手、畦にはチガヤが優占し、株間にスミレやナデシコの仲間などが混生する。土手や畦の草は草丈が低い。牛など家畜の餌を得るため定期的に刈り取られている。

水田脇を緩流する小川の底にはチョウセンアカガエルの卵塊が点在し、孵化直後の幼生が無数に泳ぐ。水生植物の根元を水網で探るとシオカラトンボやキイトトンボの仲間の幼虫が採れる。水際にはクサヨシの仲間の枯れ茎が残り、水面にはショウブが新芽を出し、ミゾソバが発芽を始めている。水路から水が溢れる湿地には、日本では自生地が減少し絶滅危惧種になったタコノアシが普通種のように群生する。現地は、圃場整備が行われるまでの、まさに日本の田園環境といっても過言ではなかった。

さらに歩くと谷戸の源頭部にある谷底に、丸い浅井戸が連続する。飲み水など生活用水の採取用である。燃料や食料、肥料だけでなく水までも、里山の営みと共存して循環していた。さらに眼を見張ったのは、里山から田畑へ連続する境目にある土葬のお墓群である。形状は円錐形のいわゆる円墳である。里山と共存して生命を全うしたヒトの体が再び里山の土中に還る。分解したヒトの養分は土壌に融け込み重力水とともに田畑の栄養分になり、再び食料として次代を担う里人の生活を支えて行くのである。墳墓の周りにはポプラやクロマツが植栽されている。これらの木々は土中の養分を吸収して成長する。ポプラは下枝が綺麗に切除

⬆生活用水を取水する谷底部の浅井戸群

⬆里山中腹から谷戸と斜面を展望。谷底部に小川が流れ左斜面に棚田、右斜面里山が続く。乾きの良い棚田ではムギの二毛作を実施。山裾の立木も丁寧に枝打ちされている。採取した枝は燃料になる。右側斜面は「退耕還林」施策でクロマツが植林され、林間の草は家畜の餌に採取される。樹林の構成種はごくわずかである

⬆里山と農耕地との境に点在する、円墳状の墓群。土葬された人体の栄養分は、植栽されたクロマツやポプラの肥料になり、土中に溶け込んだものは重力水とともに田畑の肥料になる

➡水田の畦道に自生するタンポポやスミレ、ナズナなどの仲間。大半は日本のものと形態的にほぼ同じである

され、枝葉は燃料に循環している。クロマツは成長とともに間引かれ燃料や農用資材に循環していくのであろう。まさに徹底した循環システムであった。この里山から田畑へつながる境目に土葬の墓を作るという循環思想は、後述の大連市域の瓦房店や朝鮮半島先端にある麗水《よす》市郊外でも確認できた。また、雑木林、墓地、田畑という配置は、日本の里地里山にも見ることができる。有機物という視点に立ち、葬られたヒトの人体に含まれる栄養分等を循環させるシステムが、地理的にも連続性を持っていた。

中腹の農家における自然環境との共存

麓から幅一・五m前後の里道が尾根部に向かって続いている。もちろん自動車は入らない。村長の案内で、この道を二〇分ほど歩くと、里山中腹の農家に到着する。牛や豚の姿がない。番犬の犬に吠えられながら農家を訪ねる。家屋はレンガやブロック積み、粘土が接着剤である。納屋はワラ葺きでその上にシートを張って雨漏りを抑える。側面は柱以外の外壁はなくシート

張りである。

六〇歳代の奥さんが室内に案内してくれた。電気が来ていない。灯りはランプである。中を開けると食用油で炒め物をするにおいがした。ナタネからとった油のようだ。里山から採取したナデシコとセリの新芽、長ネギが台所に置かれ、炒めて食材にするという。室内には焚き付け用の松の枯れ枝が用意され、竃で煮炊きした暖気が寝台の下に流れ寝具と部屋を暖房している。

納屋に入ると高さ二・五m、四m四方に大量の柴が備蓄されている。クヌギの萌芽枝やマツの下枝が大半を占める。出迎えてくれた農婦が屋敷の周囲で、手製のレーキを使い落葉落枝を掻き集め、焚き付けを収集する。化石燃料にまったく頼らない生活である。もちろん今の日本の農家でみるような化成肥料や農薬の備蓄はない。現金収入が少ないために購入できないのである。結果として水田や畑は無農薬無化学肥料栽培である。

また、薄暗い納屋の土間には、生まれてほどない子ヤギが柱につながれていた。親の群は、生草の少ない早春のこの時期、周囲の斜面で低木に乗り掛かってノイバラの新芽を食べていた。乳と肉が食用に回る。さらに庭先を見渡すと石積みで囲われた小屋がある。入口に置かれた針金製のカゴにはノウサギの雌が二羽飼育されている。夜、綱を付けて出し、やってくる雄に夜這いを促すという。交尾後の雌は子供を産む。親を入れたカゴの後ろには子ウサギを育成する金網張りの飼育舎があった。すでに二〇羽を超える子ウサギが入れられ、育てたあとは肉や皮を自家用に使い、残りを販売に回す。そこにはノウサギを半家畜化し生活に活かす技があった。

もちろん水道はない。生活用水を得るため、里道沿いの湧点に浅井戸を掘って湧き水を溜めている。奥さんは木桶に水を汲み、その桶を天秤棒の前後に引っかけ斜面を登って屋敷に持ち帰る。水は瓶に入れ替え大

⬆屋敷脇の石積み小屋。ノウサギの飼育小屋である

⬆里山中腹の農家。これより上には人家はなく、ここでは家畜の牛、豚がいない。納屋は柱だけレンガで積み上げテントで覆っただけである。屋根は竹竿を密に並べ、その上をビニルシートで覆い、重しの丸太をロープで巻いただけである

⬆小屋の前のカゴ入りの親ウサギ。夜につないで放され交尾した雌は多数の子を産む。小屋内には多数の子ウサギの姿あり。肉と皮は貴重なタンパク源兼収入源である

⬅屋敷に入ると部屋には電気もプロパンガスも無い。煮炊き、暖房は竈で行う

➡放し飼いされているヤギは斜面を駆け上がりノイバラや沢筋のヨシの新芽を餌にする。ヤギは肉や乳、皮を取る貴重なタンパク源である

⬆納屋には煮炊き、暖房用の柴と焚き付け用のマツの下枝が保存されている。柴は多くがクヌギなどの落葉広葉樹である

⬅植林直後のマツ林から落葉落枝を掻き集め、一輪車に入れて持ち帰る

⬅「退耕還林」策で里山に植林されたクロマツ。苗木のあいだにはカルカヤやススキの仲間が優占し、それらが刈り取られるため、まるできれいな草地広場である。時折、カササギが舞い降り餌を探す

⬆天然林が残るのは里山頂部の尾根と背だけ。その他はすべて毛沢東時代に畑に開墾された。今でも段々畑の形が残る

⬆マツ植林地では斜面上部の農道を兼ねた焼け止まり線まで毎年火入れされる。元気な草を育み、家畜の餌や焚き付けを採取するためである。村長談では、火入れで枯れるマツもあるが生き残ったものを育成していくという

⬅草地状態のクロマツ幼木林の林床にはキジムシロ、ヨモギ、カワラナデシコ、アザミ類など日本でもお馴染みの野草が多数混生する。写真はカワラナデシコの新芽

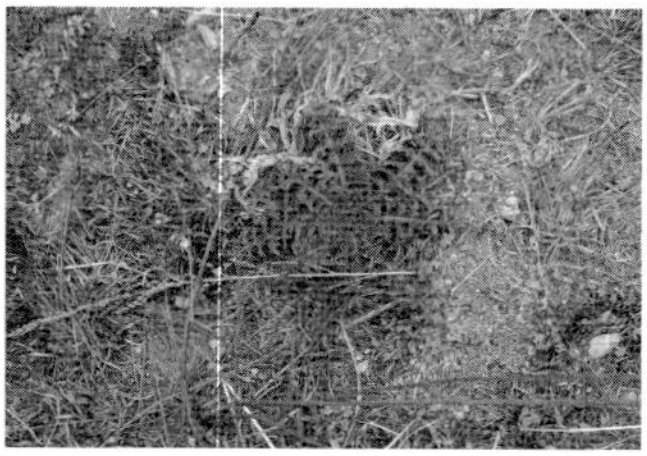

⬅同じくアザミ類の新芽

切に使っていた。風呂はどうするのであろうか？　聞きそびれたが婦人の顔肌をみると毎日入っているとは思えない様子であった。トイレは肥溜めに落とすポットン便所である。ヒトの糞尿に加え、ヤギやニワトリ、ノウサギの糞は畑の肥料になり、半家畜化されたノウサギのほか、ニワトリやヤギがヒトの食生活と生業を支えていた。あたりには水の便が悪く水田はない。家の前後にはムギやトウモロコシ、チンゲンサイ、ネギ、ナタネ、ダイコンなど、自家用の畑がクロマツ植林地のあいだに広がる。主食はトウモロコシの挽き粉とムギである。飼い放したヤギやノウサギの食害を抑える囲いは、有刺鉄線の代わりにトゲが鋭いナツメを植えた生け垣である。その周りにはクリやウメ畑が取り巻く。

畑や果樹園の上方、里山の尾根部にはわずかに天然のマツ林が稜線に続き、沢筋の肥沃地にモンゴリナラの林が塊在する。その下方、麓の集落まで「退耕還林[注4]」や「封山育林[注4]」施策のなかで植栽された数百haのクロマツの植林地が広がる。これは毛沢東時代に畑を開いた場所である。今なお植林地のなかに段々畑の形状が残っている。このマツの植林地では良質の草を再生させるため、里道を兼ねた焼け止まり線まで、毎年、野焼きを行っている。もちろんこの野焼きは、草木灰を肥料に威勢のよい草を萌芽させるために行っている。草は家畜の餌や肥料に不可欠なのである。まさに日本でも昭和初期まで草山で行われてきた火入れ管理と同じである。植えたマツの一部は焼けこげて枯れるが、野焼きに打ち勝ち、生き残ったものを成長させている。農道脇には掻き集めたマツの落葉落枝や枝打ちした下枝を、縦横一・五m×二・五m、高さ一m前後に積み上げ乾燥させている。間引きしたクヌギの枝が添えられていることが多い。

マツ林は下枝や落葉落枝が採取され大変きれいである。林床には、刈り取りで背丈が抑えられたチガヤとオカルガヤが優占し、カササギが餌を探して舞い降りる。そこにはキジムシロやカワラナデシコ、ツルボ、ワレモコウ、ノアザミ、ヨモギの仲間など、草原性の野草が多数混生する。先に述べたように、これらの野草の一部が山菜として食卓に上がる。草刈りの手が届きにくい窪地にはシナレンギョウのほか、展葉前に薄紫の花を付けるハシドイの仲間が散見される。草地の広がる林床にはノウサギが多く、地面には丸い糞が多数落ちていた。家畜の餌を得るために行う火入れが、ノウサギの餌にもなる若草を育み、一寸の無駄なくヒトのタンパク源を育んでいた。日本でもノウサギは昭和二〇～三〇年代まで重要なタンパク源であった。筆者が平成一九年に実施した日本各地のヒアリング調査でも「里山のノウサギを食用に捕獲していた。ウサギの獣道沿いに物を置いて道幅を狭め、そこに木の枝葉で隠した針金ワナ（わっぱ）を仕掛けて獲った」との声が聞かれた。

水と燃料、食料は生活に不可欠な資源である。現地では年間を通し安定して暮らすために省資源が徹底していた。山東省農村部の一軒の年間所得は三五〇〇～三九〇〇元、日本円で五～六万程度である。現金収入が少ないということが、環境負荷の少ない、まさに循環型の生活を営む基盤になっていた。

2―クロマツ林での燃料採取と有機物の循環

日本と同じ気候帯である温帯モンスーン地帯の秋の動植物とヒトの暮らしを取材するため、平成一八年（二〇〇六年）九月二七日、大連空港から青島空港へ飛び、膠南市役所規制局の出迎えを受けた。市役所の車に乗り黄海に沿って「分灌高速」を走って約一八〇㎞南下し、大珠山麓にある「高峪鎮」の里山へ向かった。同行者は通訳の于 黎特氏と日本から応援いただいた川島 保氏の二人である。

現地は、前述の蔵南鎮に比べ海に近く、黄海から一〇㎞ほど入ったところにある。文献では付近の里山の表層土は褐色森林土というが、これまでの長い間に及ぶ伐採や柴刈りによって流亡し、基岩が露出した岩山

⬆表土が流れ岩肌の見えるクロマツ林

⬆秋に入り、草を刈取る農婦。刈草の中心はススキ、ノガリヤス、オカルガヤなど。刈草のなかにワレモコウなどの草花も混ざる。センダンが植林され刈り残している

⬆林内にある出づくり小屋

⬅林内を歩くとワレモコウやハギ、ツリガネニンジン、ヤクシソウの仲間が多数自生する。写真はワレモコウやキスゲの混生地

⬆刈草は1束10～15kg、一度に3束、30～40kg近くを道路に持ち出し、リヤカーで自宅前に持ち帰る

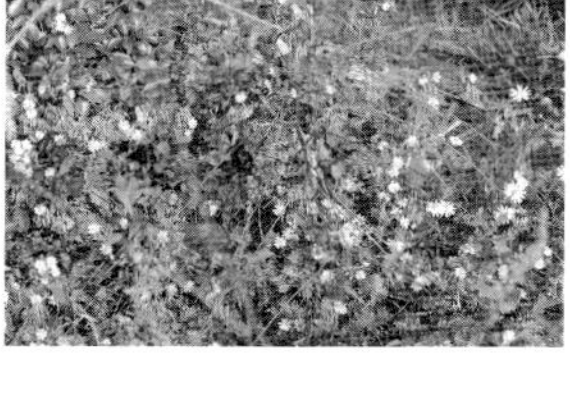

⬅ヤクシソウの開花。野生草花の多くは日本のものとほぼ同じである

⬅里山と農耕地の境に塊在する円墳状のお墓。土葬のため人体の栄養分は植林したクロマツなどに還元される。写真からは墓周りのクロマツは、周囲に比べよく成長し、葉色も濃いのが判読できる

⬆幾度も萌芽枝を刈取ったクヌギの根株

⬆草刈りで外出中の民家。生垣には、短枝が鋭くトゲ状になるスモモを植栽。門もすべて自家製

⬇外扉を開けると内扉に「上山」の文字。夫や近所の皆さんに、これから「上の山に作業に入って不在」と伝言するためであるという

⬆ヒアリング調査に入った筆者。おばさんの顔つきはまさに日本人である

ばかりである。そこにはクロマツが植林され、植栽年数や土質によって成長度合いが異なる。樹種はマンシュウクロマツの可能性が高い。降水量が五五〇〜九五〇㎜と少ないことも植生の回復を遅らせる原因になっているのであろう。

　クロマツの若齢林からなる林に入っていくと、休憩、雨宿り、資材置き場兼用の出づくり小屋があり、柴刈りを行う家族に遭遇する。聞くところ、祖母、母、娘の三人で秋頃から毎年、焚き付けの燃料集めに入っているという。分厚く使い込まれた手鎌でオカルガヤやススキなどの草を手際よく刈り払っていく。一定量を刈るとススキなどの硬い植物の茎で束ねて道路に搬出する。見るところ娘はあまり刈り手が進んでいない。やはり腰をかがめての作業がきついのだろう。筆者も手伝ってはみたが素手ではススキなどの硬い草を握るにも握れず退散状態であった。

　マツは下枝を丁寧に打ち、落ち枝も拾って持ち帰っている。さらに林地を進むとワレモコウやツリガネニンジン、ハギ、ユウガギク、ナガホノシロワレモコウ、

アザミ、キスゲの仲間の群生が点在する。刈草のなかにはこれらの野生草花がたくさん混ざっている。刈り払われた場所では、その下にあったナデシコやツルボ、ヤクシソウの花が見える。

数少ないがクヌギも混生している。根元から幾度となく切り取られたため、株がこぶ状になっている。つぶさに探すと、多数の萌芽のなかから活きの良い一本の萌芽だけを刈り残し、二年目の若い幹が育っている個体を発見する。日本でいう「もやわけ」である。「退耕還林、封山育林」施策のなか、毎年の燃材を得るため、クヌギからは切り株のひこばえを、マツについては主木を伐採せず、下枝や落葉落枝を丁寧に採取していた。

このような刈払いや下枝の採取、落ち葉掻きこそが、林床での低木や高茎植物の繁茂を抑えて日照を守り、ワレモコウなど野生草花の群生化を促しているのである。林間を歩くと、ここでも林内に数多くの土葬のお墓に遭遇した。里山が燃料や山菜など生活の糧を得る空間であると同時に、最期に還る場所もである。前述の蔵南鎮や後述の大連市瓦房店などと同じように、人体の栄養分が、現世に生きるヒトの生活の糧を育む栄養分として循環していた。

先のクロマツ林で草刈りを行う家族が住む家にさしかかると、玄関脇の倉庫には焚き付け用に乾燥させたマツの下枝が保管され、裏庭では刈り柴をうずたかく縦向きに積んで乾燥させている。垣根の植え込みにはトゲが鋭いタラノキが列植され、山菜づくりを兼ねた境界垣となっている。木製のドアには蝋石で「上山」と書かれている。尋ねると柴刈りに山へ行く際、夫への伝言メモであるという。柴刈りが秋の日常生活に根付いている。「退耕還林、封山育林」の影響を受け、プロパンガスが普及しつつあったが、経済的な事情も重なり、まだまだ燃料の大半は里山から採取する柴に依存していた。もちろん中華鍋をマツの落葉落枝で焚き付け柴で煮炊きするのが普通である。その暖気は寝室のベッドの下に流れ室内を暖める。

⬆小川で確認されるヌマガエルの当年生個体。日本のものに比べ体面のイボの大きさが粗く大きい

⬆河川敷の植生は牛の餌

⬇小川で飛び交うシオカラトンボの雄雌。日本と全く同じ形態

⬅膠南市内郊外の農村部を流れる小川

3―小川における動植物の共通性

里の小川は水田に水を潤し、洗濯や野菜の泥洗いなど生活用水でもある。これまでに述べた里地里山生活が展開する水辺には、どんな動植物が共存しているのであろうか？　小川のなかに降りると、河岸にはセリ、ミゾソバ、ヨシの群落が定着し、繋がれた牛がその草を食べている。草がなくなると次の場所といった具合に順繰りに牛に食べさせている。植生は日本とよく似ているが植生管理が牛によって行われている。家畜に食べさせることによって植生遷移の進行を調節し、家畜から食料を得る徹底した物質循環を垣間見た。ただし残念ながら農耕牛は少なく大半は乳牛である。生乳は膠南市街地に出荷される。

小川のエコトーンに定着したセリやミゾソバ、ヨシなど、水生植物の株間を水網で探ると、メダカ、ドジョウ、カマツカの仲間が数多く捕れる。水草の水中茎には、ギンヤンマやアオヤンマの仲間の幼虫、泥底にはシオカラトンボの仲間の幼虫がたくさん見つかる。水際を歩くと背中線がはっきり見えるトノサマガエルが次々水中に飛び込む。日本のものと比べやや体面のイボイボの形状が粗いがヌマガエルの姿もある。アオヤンマの幼虫とシオカラトンボの成虫を捕獲し日本のものと比べたが形態的には同種である。動植物の形態は大半、日本のものと大差ない。トノサマガエルやアオヤンマが多産すること自体、日本の里地里山では昭和四〇年代初めまでのことである。既に絶滅危惧種に指定する自治体も数多い。

4 ― 変化真っ最中の里地の暮らし

先述のクロマツ林を車でくだり、海岸まで一km あまりの高峪鎮に向かった。膠南市内市街地の近郊農村である。村の中心では小型の「超市」(よろずや)や農機具屋、「足浴屋」(風呂屋)などが軒を連ね、お菓子を売る露天もある。膠南市中心部までバスで通える範囲にある。

平地の畑では、インゲンやダイコン、ハクサイ、チシャ菜、ラッカセイ、ダイズ、ネギ、ニラなどがところ狭しと栽培され、丘の上まで続く段々畑ではトウモロコシやサツマイモが作られている。とても自家消費分だけとは思えない規模である。膠南市内などの街場で販売し現金収入を得ているものと判断される。一部では作物に農薬を噴霧散布する農夫の姿がみられたが、徹底して駆除しているとは言い難い作物のできである。これだけの作物を得るのに肥料はどうしているのだろうか? 農民に尋ねると、玄関脇に家の内外から使える便所を作り外側にはすくい出し口がある。日本でも昭和二〇~三〇年代まで普通にあったいわゆる肥溜めである。ここで人糞尿を発酵させ下肥を生産し、これを作物の肥料に使う。何と下肥の採取口に脇にカキの木を栽培している。根系が適度に栄養分のある地下水を吸い取り、毎年、実を成らせているのだろう。

⬆屋敷周りにはトウモロコシの茎葉や里山から採取した草が大切に保管されている。燃料に使う。写真中の立て積みした刈草は数km離れた里山で採取したものである

⬆生産されるキャベツ、ハクサイ、ネギなどの野菜。写真はダイコン畑に下肥を運ぶ農夫
⬅下肥とワラなどを発酵させる厩肥場

⬆里山から刈草を一輪車に積んで運んでくる農夫
➡中華鍋を煮た竈の傍には乾燥した作物の茎葉が準備されている。余熱は寝室に流れ暖房に使う

⬅門前で飼育するニワトリ。鶏糞は畑の肥料に、卵と肉は自家用兼販売用

⬇高峪鎮のバス停。婦人が歩道の草取りをしている。屋根に温水器を付けた民家あり。現金収入増加の賜物である

⬆溝や小川にゴミや家庭排水が流入する一方で、生活用水の多くは井戸水である。なつかしい手押し式ポンプ

⬅小川や側溝にはビニールやプラスチックゴミが散在する。すでに循環型の里地里山生活が崩壊しつつあることを物語っている。護岸の一部はコンクリート詰めの石張りになっている

⬆上　市街地に近く、野菜等の販売収入もあるためプロパンガスの普及が進んでいる
⬆下　テレビ、電子レンジ、扇風機もあり。壁には何とタンチョウの絵柄あり

九月下旬、まだ青いが案の定、大きなカキの実が鈴なりであった。

畑の片隅には、畑土を高さ五〇～六〇㎝程度に積み、内側のお椀状の窪みには、乾燥させた作物の茎葉やワラ等と下肥が混ぜられ、いわゆる厩肥を作っている。畑の元肥に使うものと思われる。農地の合間にある畑まで下肥を追肥として担いで運ぶ農夫の姿も散見される。さらに農家の玄関先の軒にはツバメの巣跡がある。よく見ると何度もはぎ取った跡が確認できる。糞尿が付いて栄養分があるので、雛が巣立ったあとは採取して肥料に回すという。さらに玄関先には網カゴでニワトリを平飼いする。よく見るとその多くが雌の若鶏である。成長させて採卵し、卵を産まなくなると大半を自家用の鶏肉にするという。鶏糞は畑の肥料に回される。ヒトや鳥が出す排泄物を徹底して循環させる思想が息づいている。

一方、燃料の方は、「退耕還林、封山育林」の影響を受け、薪などの伐採樹木の置きだめは確認できなかった。屋敷の周囲や畑の間にはトウモロコシの枯れ茎や柴刈りで里山から持ち帰ったススキやカルカヤなどが干されている。九月下旬ともなると一輪車で刈草を運び込む人影が絶えず、直径三～四m、高さ二・五m前後に積み上げている。もちろんワレモコウ、ハギ、アザミなど野草も一緒に積み上げられ燃料になる。軒先にはダイズやラッカセイの茎葉が干され、玄関を入ると竈の焚き付け口には乾燥したものが用意されている。これらを燃して中華鍋を煮炊きし、暖房はその温熱を居間に送り込む、いわゆるオンドル方式である。農地や里山から入手可能な燃材は、すべて燃料に使用し、地上における炭素の徹底した循環を観察することができた。

ただし、沿岸の平野部では近代化が顕著である。村といえどもすでに路線バスが走り、「高峪」バス停には屋根の着いた待合所がある。看板には地名とともに「みんなで仲良く平和で平等な社会をつくろう！　近代的な農村を建設しよう！」とのスローガンが掲載されている。

この地域の農民の年収は、農作物の販売や市街地での兼業によって山東省農民の平均年収三五〇〇〜三九〇〇元を上回るはずである。室内にはプロパンガスとそのガスレンジ、冷蔵庫、扇風機、テレビ、電子レンジが普及し始め、屋根には温水器を備えた家もある。農耕牛の姿も少なくトラックや耕耘機も各所で使われている。さらに、排水路や川にはプラスチックやゴム製のゴミが散在し、すでにドブである。しかし、水道はまだ整備されておらず井戸水が中心である。急激な近代化がもたらした弊害である。平成一八年八月に内陸部の陝西省で調査した年収一〇〇〇元代の農家や集落では見られなかった光景である。路線バスで通える範囲には日系の大手スーパーが出店し、ビルやマンションの建設ラッシュである。農民が作業員として働く。

農家では運搬、耕耘、堆肥生産用の農耕牛を手放し、農業の機械化が進み始め、用水路は家庭排水などが流れドブと化す。市街地にはスーパーマーケットや自動車が増え始め、専業農家が急減する。農生態系の生物もこの時期を境に、減少の一途をたどる。循環型の里地里山文化が抹殺されていく、まさに日本列島で見た昭和三〇年代後半から昭和四〇年代の姿である。

5 食事と食材、生活文化における共通性

平成一八年九月、膠南市役所規制局の方々に紹介された高峪鎮農村部の食堂で昼食をとる。そこで驚いたのは、食材の数々と味付けが、日本と大変共通していたことである。もちろんジャポニカ米のご飯が主食である。副菜はこの辺のご馳走というカレイの煮付け、ツブガイの湯引き、アサリの酒蒸し、ぶつ切りウナギの煮付け、蒸した有頭エビ、いずれも味付けはほぼ日本と同じである。それに最後に棊子麺の「煮込みうど

➡カレイの煮付け。まるで日本の家庭の味である

⬆高峪鎮農村部の食堂。塩茹でした有頭エビ、ツブ貝、アサリの酒蒸しなどが並ぶ。前方の女性は日本への留学経験を持つ膠南市役所規制局の副局長

➡ウナギのぶつ切り焼き。味は日本で食べる蒲焼きとほぼ同じ

⬆主食はジャポニカ米のご飯

⬆アサリの酒蒸し。あっさりと美味しい。湯がいたセリがのっている

➡棊子麺に小松菜と豚肉の細切りを入れた煮込みうどん。うどんやカレイの煮付けなど、料理の多くが日本と共通し、まさか高峪鎮大珠山麓の農村でお目にかかるとは思っていなかった

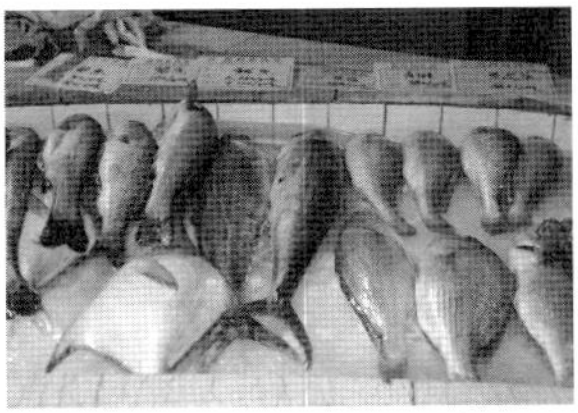

⬆鮮魚の食材コーナー。お馴染みのマダイ、サワラ、マナガツオなどが並ぶ。

⬇ナマコ

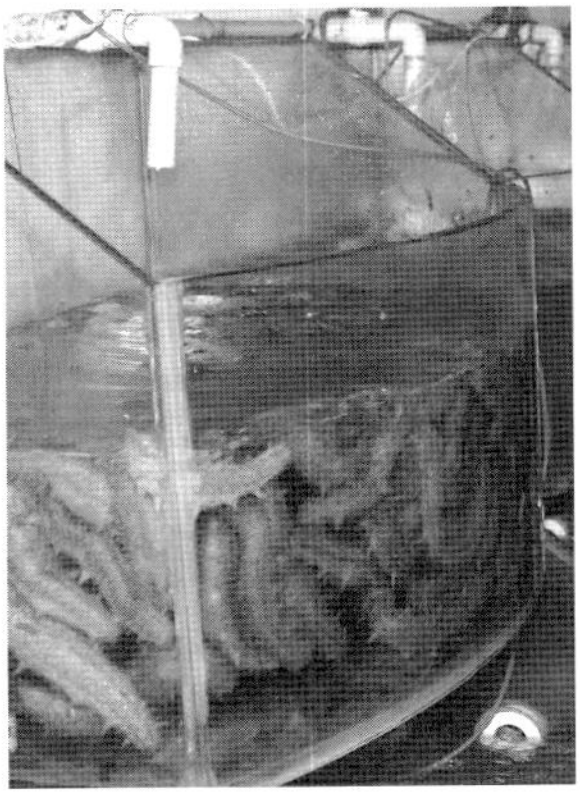

⬇上　日本ではあまりなじみがないセミの幼虫もある

⬇中　アワビ

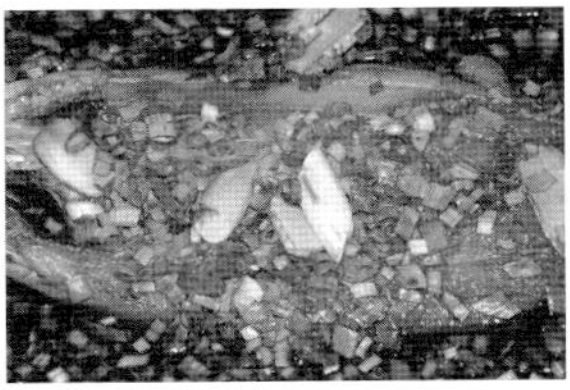

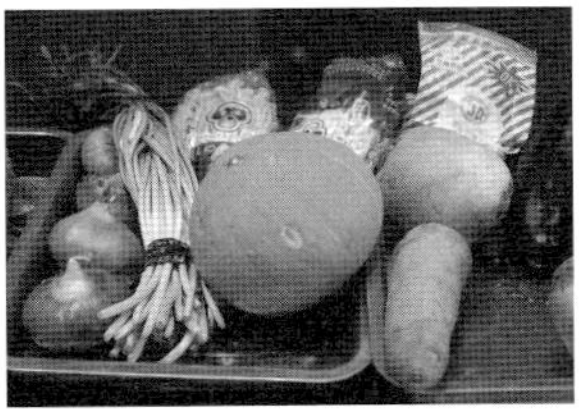

⬆野菜の多くは日本と同じである。なんと、写真左側のニラには「新鮮野菜」と記載した紫色のテーピングあり

⬆膠南市内のレストランの食材コーナー。ここで食べたいものを選んで頼む。単位は斤である。写真は食材として並ぶキジバト、ヤマドリ。日本でも里山では昭和20～30年代まで冬季に採取して食べていた

⬅なんとサバの味醂漬けまであり

ん」が出てきた。

夕食は市内の食堂に入った。入口の食材コーナーには日本ではあまり眼にしないアヒルの頭や鳩の足、セミの幼虫に加え、日本の里山でも昭和二〇～三〇年代までは毎冬獲っては食用にした羽付のキジバトやヤマドリが並ぶ。野菜類にはカボチャ、タマネギ、ナス、キュウリ、サトイモ、サツマイモ、ラッカセイ、キクナ、鮮魚コーナーにはサワラ、タイ、マナガツオ、スズキ、カレイ、ヒラメ、キス、活けエビ、アワビ、ナマコなどが並ぶ。眼を凝らすと何とサバのみりん醤油漬けもあった。

同行の于 黎特氏が選んだ副食はホタテやマテガイの酒蒸し、セリの煮付け、長ネギとピーマン、タマネギの醤油炒め、味噌煮込みうどんであった。その後、厨房の控え室に入ると若手の調理師が食事中で、主食はご飯、何と副食には卵炒めが入ったキュウリもみがあった。

日本との共通性については、平成一九年三月に、蔵南鎮の調査で入った農村レストランや市内のレストランでも、味付けは少々脂っこい感じがした。この時もジャポニカ米のご飯、カレイの煮付けやアサリの酒蒸し、味噌煮込みうどんが出てきた。聞くところ、ご飯とうどんは昔から常食だという。主菜は鹿肉スープや煮魚、イガイの酒蒸しなどが用意されたが唐辛子は効いていない。醤油味または塩味で日本食に通じる味である。このほか、酢醤油に浸けた千切りのダイコンやニンジン、醤油をかけた薄切りキュウリやニンニクの茎、味噌を付けて食べるアカカブ、キュウリ（もろきゅう）、ゆでたサトイモとラッカセイ、枝豆が出てきた。さらにキクラゲとヤマイモの塩もみ、野菜のみじん切りと豆腐の和え物、ウリと揚げの薄味の煮付け、子イカとシュンギクの煮付け、クラゲとキュウリの酢醤油、揚げ豆腐、ワカメスープ等々、共通性は随所に見られた。何とこの時は最後に出汁の効いた薄醤油味の素麺が「にゅうめん（煮麺）」で出てきた。先に述べた武漢や洋県で食べた料理に比べ明らかに日本食に対する近さを確認した。日本でも長野県などでは昭和三〇

⬆キクラゲと山芋の塩もみ

⬆薄揚げとウリの煮込み

⬆ゆでた枝豆、サトイモ、ラッカセイ

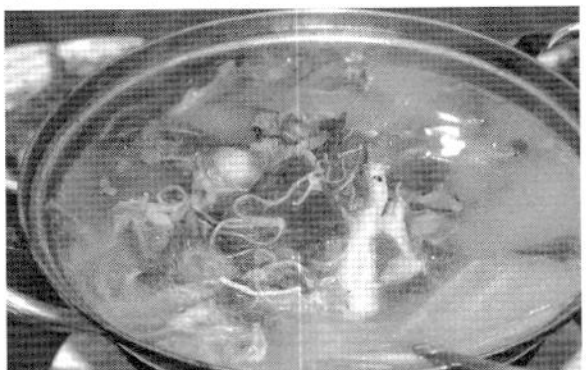

⬆蔵南鎮農村部の食堂。鹿肉スープ。塩味のさっぱり系である

⬆赤カブ、キュウリのもろきゅう。金山寺味噌風の味噌を付けて食べる

⬆なんと「にゅうめん」。中国にいると思えない料理がずらりと並んだ

⬅キクナと子イカの煮込み

⬆膠南市街に近い農村部。海沿いの農村集落「鹿角湾村」。露天で量り売りするお菓子屋

⬇街中でのジャポニカ米やアワの量り売り

➡花林糖

⬅蔵南鎮近傍の中心市街地。自動車の普及が顕著

➡氷砂糖

年代くらいまで食べていたカイコの蛹やセミの幼虫が今でも食材となっていた。日本人の脳裏に刻み込まれた視覚に何ら変わりのない食材を調理し、味付けも類似していることに、里地里山文化の伝播と同じ流れを感じた。

うどんの原型は、唐代の「不托《ふたく》」である。[110] この切り麺系列の麺はアジアで麺食する地域すべてに伝播した。饂飩《うんどん》という言葉は室町初期、同時代中〜末期からは饂飩《うどん》と呼ばれるようになり、こねたうどん粉を幅広に切ったもの、細く切ったものが出回った。[110][111]

素麺の原型といわれる索餅《さくべい》は、すでに奈良時代に唐菓子として日本へ伝来し、都で販売されるほど生産されていた。素麺づくりの伝統が朝鮮半島にはないため、華中、華南方面から東シナ海を横断する「海の道」に沿って朝鮮半島を経ず直接、日本に伝播した可能性があるという。[110] 日本の平安時代から鎌倉時代中期は、中国では宋代に当たり麺類の完成期であり、麺という言葉が定着する。この時期になって名称、製法ともに再伝来したといわれる。[111] 室町時代に入ると、現在に近い素麺が出始め、索餅、索麺、素麺という三通りの呼び名で普及していった。[110]

平成二〇年（二〇〇八年）二月、于 黎特氏と川島 保氏の現地案内によって再び膠南市内を訪れた。中心市街地から一五分ほどタクシーに乗り農村部に到着する。黄海沿岸にある「鹿角湾村」の集落を調査した。街の中心街を行くとキャンデーや花林糖、氷砂糖、干しブドウ、カボチャの種、イチゴなど量り売りする露店や行商も健在である。子供達がお小遣いを持って買いに集まる。一つ路地裏に入ると、やんちゃな少年がおもちゃの弓矢で遊ぶ姿や、隠れてお菓子を買い食いする姿があった。日本でも昭和三〇年代まで市街地では当たり前の光景であった。花林糖自体は日本産であるが、奈良時代に遣唐使が中国から持ち帰った油揚げ菓子（油条）をもとに、江戸期に今日のものが考案されたという。氷砂糖も遣唐使が持ち帰った。[112] その後、武蔵の池上幸豊が一七九六年になって初めて試製に成功した。(113) 多くの食材がもとを正せば中国に端を発していた。集落にある露地裏の軒先にはイチジクが植栽されている。この木を育て、実を食べる習慣も日本に伝わった食文化の一つである。さらに個人の住宅にお邪魔すると、入口の門上にツバメの巣が残され、屋敷裏にはキリの木立などがある。カササギの巣もあった。カササギは日本でも九州、福岡県、佐賀県、熊本県北部に伝播し繁殖している。この鳥もヒトの流れとともに渡来したことを伺わせるものであった。

平成二〇年（二〇〇八年）三月の再々訪時、蔵南鎮から帰り道、市役所運転手のはからいで、わずかな時間であったが「大楊」の街場を取材した。歩くとほどなく釣具屋があり、店内に入るとフナやコイ釣り用の浮きや蛹粉、芋の粉末などの餌が陳列されていた。浮きづくりには伝統文化を感じさせるほど数多くの品揃えがあった。「釣り文化」、おまえも食材や味付け、それに動植物と同じく日本に伝わってきたのか！　口走りながら店を出ると、隣は食材屋であった。生きたカワラバトや鶏、鶏卵、米などの穀物が陳列され、品物の大半は量り売りである。カワラバトを食べる文化は日本に定着したとは思えないが、多くの品々は所違えども日本にも伝わっていた。

この地を含む膠洲湾や琅邪湾沿岸は、前述の通り、秦の時代、始皇帝が「徐福」に五穀を与え、日本に派遣するため出航させた地域である。また、紀元前、稲作が日本への伝播する際、この山東省沿岸を北上して朝鮮半島を南下したとする説もあり、当時からヒトの行き来が絶えなかった。このヒトの流れが食文化の一部を日本に伝えたといっても過言ではない。八世紀はじめの天平の時代、すでにイネのほかに、随や唐からムギ、ウルシ、アワ、ダイズ、アズキ、アオナ、ダイコン、ナス、ウリなどの野菜、ナシ、モモ、ウメ、カキ、ナツメ、ビワなどの果樹、ハス、タケノコなどが伝来して栽培されていたこと、さらに醤《ひしお》、未醤《みそ》、糖《あめ》、胡麻油、酢、蘇《そ》、酪などの調味料等が伝わっていることからも裏付けられる。蘇とは牛乳を煮詰め、現在のバターとチーズを混ぜ合わせたようなものである。酪とは今日のコンデンスミルク、またはヨーグルトに類するものである。天智天皇の時代（六六一〜六七一年）、すでに日本では官設の牧場を置き多くの牛を飼育していた。[114] 現地で確認した動植物に加え、農村部や市街地で調査した食材や味付け、習慣や風習などを再度考察すると、膨大な数の文化要素が中国大陸を経て日本列島へ伝来、渡来したことは、まぎれもない事実であった。

第4節　旧満州・遼東半島
—近代化する遼寧省大連市郊外の農村の暮らしと生態系

長江の中流、漢中市洋県を起点とした里地里山文化の調査旅行は、武漢、青島を経て遼東半島に入った。旧満州である。日本とは近代、それに近年に至っても経済交流が盛んな地域である。まず燃料の循環システムからみてみよう。

1—クヌギの燃料用雑木林と有機物の循環

黄海に突きだした遼東半島の里地里山生活と動植物を探るため、蘇 雲山先生、川島 保さんとともに平成一八年（二〇〇六年）九月二六日、中国第三の港湾都市である大連に降り立った。旧満州の入口である。于黎特氏の出迎えを受け、市内を調査する。旧満鉄の大連駅は日本の上野駅を模して作られた。現在も残り、その面影を感じさせる。翌日、于氏運転の車に乗り沈大高速道路を車で約九〇㎞。三台インターチェンジで降り省道三一三号を走り遼東湾沿岸の三台へ向かう。旧満州鉄道が並行して走る。車窓から見える丘陵地は大抵が丈の低いマツ林、または畑でトウモロコシが目立つ。瓦房店《ワーファンディエンシ》市にある三台満族人民政府に立ち寄り調査の許可を得る。農政部役人の案内で車を走らせ、まず植林由来とみられるクヌギの雑木林に入った。

緯度は石川県と同程度で年降水量と年平均気温は、それぞれ、五八〇〜七五〇㎜と八・五〜一〇・四℃である。いわゆる暖温帯の大陸性モンスーン気候で四季がはっきりしている。クヌギは列植され、伐採後の萌芽

⬆尾根まで続くトウモロコシの段々畑。自生のクロマツは刈残して育成している

⬆退耕還林施策によって畑跡に植林されたクロマツやクヌギ林

⬇現地で育成管理されるクヌギの葉と実の形態。日本のものと同じである

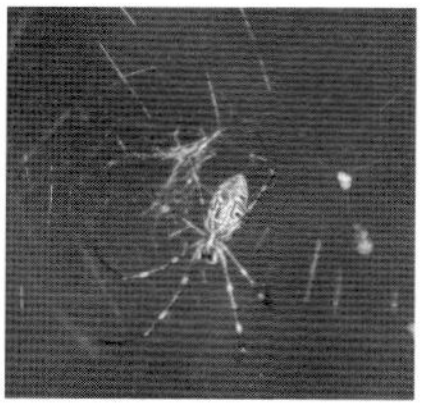

⬆林縁にネットを張って獲物を待つコガネグモ

⬆クヌギ林はもやわけで1〜3本立ちに育成している。土壌がやせているため成長は悪いが、仕立て方は日本と同じである。下枝もきれいに切除され開放的な状態にある

➡林床に生えるセンボンヤリ。それにヒメカンスゲやニガナ、エノコログサもみえる

⬇クヌギの雑木林内に造られた土葬の墓地群。人体の栄養分は樹林の肥料として還元され、再び樹体は燃料に、落葉落枝は田畑の肥料に還元され、現役世代の生活をまかなう

⬇林縁のマント群落に自生するサンショウ。日本のものより実が少々赤いが、香りはほぼ同じ

➡日本のアキアカネに近縁のタイリクアキアカネ。日本列島にも日本海側を中心に秋に飛来することがある。写真はその雌、尾部を刺激すると産卵を始めた

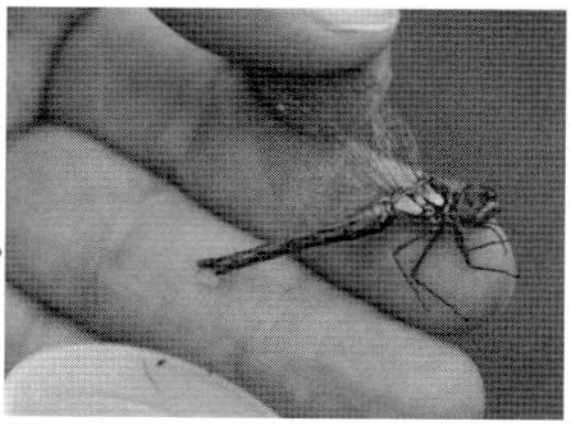

更新により二～三本立ちで樹高五～六mに仕立てられ、幹の直径は一〇cm未満であった。クヌギの葉や実を詳細に観察したところ、現地のクヌギは日本のものと同種であることがわかった。林内は継続的な刈払いと落ち葉掻きですこぶる開放的である。一部に伐採直後の株があり新芽がふいていた。落葉落枝は掻き集めて堆肥化させていた。株床ではヒメカンスゲやヒカゲスゲの仲間が優占し、その間に、スミレやセンボンヤリ、キジムシロ、ノコンギク、ツリガネニンジン、キツネアザミ、アカネ、ヨモギ、ニガナの仲間など、草原性の野生草花が点在する。林縁ではサンショウやナツメの仲間が自生する。これらの植物は、実を採取するために刈残したか、または、有針植物のために牛などの家畜が食べないためか、いずれかの理由で群生しているものと考えられる。また、林縁にはコガネグモの仲間がネットを広げ獲物を待つ。日本のアキアカネにごく近縁のタイリクアキアカネが低木の枝先付近に止まり餌を採っている。ソデ群落から里道沿いの草むらではショウリョウバッタやオンブバッタ、コバネイナゴなどのバッタが随所に見られ、まさに日本との連続性を確認できる。

さらに、クヌギ林の林床には、墓石のあるお墓のほか、破砕岩とともに土が七〇～八〇cmの高さでうずたかく積まれた土葬とみられるお墓が点在していた。雑木林がまさに燃料と堆肥の生産場所であると同時に、寿命を全うしたヒトの最期の場所でもあった。人体から分解した栄養分は、クヌギの根系に吸い上げられ、燃料、または堆肥として子孫の生活に利用されるという循環型生活の徹底ぶりを垣間見た。

2 密接に川に結びついたヒトの暮らし

先のクヌギ林を調査したあと、三台地方を流れ東シナ海に至る復州河へ向かった。橋のたもとで車を降りると眼から鱗の光景である。川が魚やカニを採る漁業の場であり、北京ダックの飼育場であり、さらに、市

➡川は北京ダックの飼育場（餌場）でもある。北京ダックを自転車で追いながら川へ連れていく農夫

➡川は洗濯場でもある。すでに合成洗剤が普及していた

⬆遼東半島を流下する復州河。明確な高水敷はなく、沿岸のエコトーンにはヨシ群落やヤナギ林などの水辺の植生が定着している

⬇川辺では至る所で投網を打つ姿あり。一度に50～100匹ほどの雑魚が上がる。一部にオイカワが混ざるが大半はソウギョの稚魚

⬆橋のたもとで採れたてのモクズガニを売る婦人。中国では上海ガニとして高級食材に使われ、空港などでも販売されている

⬆さらに川は建設ラッシュに湧く都市部のコンクリートに使う砂の採取場所でもあった

民の洗濯場であり、川砂の採取場所、河川敷はヤギの餌場というように複層的に利用されている。自宅から自転車に乗ってアヒルを追いながら川へ連れ出す男性もいた。昭和二〇～三〇年代までの日本の里山に関するヒアリング調査で、大阪府貝塚市の方々は「集落ではどの家庭でも近くを流れる川で固形石鹸を使い洗濯した。当時は素麺を冷やすにもこの川の水を使い、三尺離れたら水清しといって飲むこともできた。もちろん、ジャガイモやダイコンの泥洗いもこの川で行い、生活には不可欠であった」と述べた。これと同じように、ここでも川が生活に不可欠の存在であった。

投網を打つ漁師とともに川へ入ると、無数に小魚が泳ぎ、毎回、重たいくらいたくさん採れる。網に入る魚の多くはソウギョとオイカワの幼魚である。川に仕掛けた網籠にはジャガイモや先の小魚が餌として入れられている。前日、仕掛けた網籠を引き上げるとモクズガニがうじゃうじゃと入っている。このカニは橋のたもとで直売される。

この瓦房店市は、大都市大連の近郊にあり、現金収

入が得やすく内陸部に比べ経済的に豊かなためか、洗濯には既に合成洗剤が使われ、川岸には、プラスチック製品のゴミが散在し、家庭排水由来と思われる真っ黒なヘドロが堆積し始めている。後述のモンゴリナラの雑木林と同じように、今後の中国の経済発展は、このままでは、川とヒトの暮らしとの関係を変え、ヒトを川から引き離した高度成長期の日本の姿になってしまうと考えられる。

3―「退耕還林」、「封山育林」施策下のモンゴリナラの雑木林と化石燃料への転換農家

翌日の九月二七日、先の満民族政府自治区から高速道路に乗って郊外へ約一時間走った。瓦房インターチェンジで降り瓦房店市郊外の得利寺近くにある温泉郷に向かい、于 黎特氏の経営する日本式旅館「大和館」へ到着した。翌朝、周辺の里山に取材に入った。周囲は、リンゴ（ふじ）や洋ナシ、ナツメなどを栽培する果樹園地帯であり、旅館の門前で量り売りされていた。旅館や果樹園の背後にある里山ではヤギが放し飼いされており、植生はほとんど草地である。樹林は大半が低木林で、自生するのは尾根から斜面の上部だけである。

里山に生える樹林は、同行の川島 保さんが六～七年前に訪れた際には、萌芽更新され、きれいに「もやわけ」された再生直後の雑木林だったという。林床には、ワレモコウやナデシコが咲き誇り、日本の昭和

⬆長年の立木伐採やヤギの放牧で岩肌が目立つ里山。禁伐政策により尾根部にはクロマツ林が定着しはじめている。写真左側のトンネルは旧満州鉄道の坑口

⬅里山の裾には果樹園が広がる。温泉旅館「大和館」の門前で量り売りされる果樹。手前のナツメを少量買って食べると、なつかしいナシのような味

⬇禁伐後、萌芽枝が密生化したモンゴリナラの再生林。草本類は里道だけに後退している

⬆ツメレンゲの仲間。雨量が少なく岩場が多いためか自生個体が多かった

⬆ユウガギクの仲間。日本のものと形態が少し違うだけである

⬆禁伐政策と収入増により化石燃料が普及し始めた農家の台所。竈はきれいに掃除され使われていない。聞くところ冬季にオンドルを使う時期だけ中華鍋を柴や野菜屑で煮炊きするという。化石燃料が普及し始め、冬季以外はプロパンガスで煮炊きするようになった

⬆麓にあるサツマイモ畑の裏側の林縁では、日本とほぼ同じ形態のツルウメモドキ、ガガイモ、アカネ、メハジキ、それに葉の切れ込みがやや深いヨモギなどが自生。写真は開花するメハジキ

⬅里山の立木に取り付けた留山の看板。なんとよく見るとニホンカラマツが植林されていた

三〇年代はじめまでの雑木林を思わせる光景であったという。

しかし、平成一八年の今回の調査では、「封山育林」施策で手入れが止まり、再生した萌芽枝は伸び放題で荒廃している。二〜三本仕立ての美しい雑木林に戻すには、相当強い枝下ろしを必要とする。カラマツやコノテガシワなども植樹され、ススキやカルカヤのほか、ワレモコウやナデシコ、シュンラン、ツメレンゲ、ヒオウギ、ハギ、ノコンギクの仲間を始めとした野生草花は、再生した雑木の陰に隠れ、点在するほどまでに減少していた。

この荒れ始めた雑木林をみたあと、果樹園を経営する農家を訪ねた。里道に沿ってヨモギやツルウメモドキ、メハジキが密生化し、とても刈払って家畜の餌や燃料に使っているとは考えられない。屋敷周りの畑ではハクサイが栽培され、軒下には収穫直後のカボチャとウリが干されている。庭の角隅には半ば露天の豚小屋に黒豚が一頭飼育され、糞尿は田畑の堆肥に循環する。水道は通じておらず生活用水は井戸である。すでに

人力ではなく電気が通いポンプで汲み上げている。

玄関を入った入口付近には、焚き付けに柴や薪を燃して調理をする竈がある。部屋の暖房は、竈の熱をベッドの下を通して暖めるオンドル方式である。現在、燃料は主として果樹園の剪定枝である。しかし、聞くところ、竈を使うのは今や暖房が必要な冬季だけになったという。夏場はきれいに掃除され、使っている気配を感じさせない。調理台の大鍋の横にはプロパンガスのタンクと配管がある。「退耕還林、封山育林」という施策によって、ここ大連市郊外の農村でも台所から薪や柴が消え始めていた。この先の中国の近代化と化石エネルギーの使用拡大は、循環型の熱利用を衰退させ、CO_2の排出量を増加させるとともに、雑木林やそこにすむ動植物の生息環境を大きく衰退させる可能性を実感した。

4 圃場整備と区画規模の拡大が進んだ水田

取材に入った瓦房店市《ワーファンディエンシ》三台は、遼東湾に面した沿岸地帯である。省道から降り立った場所に広がる水田地帯は、圃場整備により区画整理と区画拡大が進められ一区画三〇〇〇~五〇〇〇㎡もの大規模水田である。新潟県や秋田県などの日本の穀倉地帯を想像させる。九月二七日、水田は稲刈り前に差し掛かっていた。イネは中生品種、稲刈りは一〇月上旬、穂を間近にみると明らかに短粒のジャポニカ種である。水田に入ると稲刈り直前というのに水位があり、日本の圃場整備済み水田ほど完全な排水施設が整備されていない。これを確認して一安心。春に産卵されたトノサマガエルなど、カエルの幼生が子ガエルに成長し陸に上がるまでのあいだ、水田に水が溜まっていたことを示している。また、区画整理されていない水田の畦にはダイズが植えられている。日本でも一昔前まで畦にあった畦豆が栽培されている。農薬の投与は少ないらしく、水田

⬅右　水田脇の土水路には若いトノサマガエルが多数生息する。写真は当年生の亜成体と考えられる
⬅左　溜池縁で捕獲したヒキガエル。日本のものより体表のイボがやや粗い

⬆区画整理から取り残されたジャポニカ米の水田には畦豆を栽培している。長江流域の漢中や武漢にもあった。マメ科植物の根系に共生する根粒菌が固定する窒素。この窒素を少しでも稲作に活用しようとする農法である。昭和20〜30年代まで日本にもあったこの技術は中国から伝わったのか ？

⬇畦を歩くとショウリョウバッタの雌が飛び出した。生息するオンブバッタ、ショウリョウバッタ、トノサマガエル、ヒキガエル、いずれも長距離飛翔が不可能な生物である。これらの生物の生息は、まさに過去の日本列島と中国大陸との地面の連続性、ヒト、作物、技術の交流の歴史を物語るものである

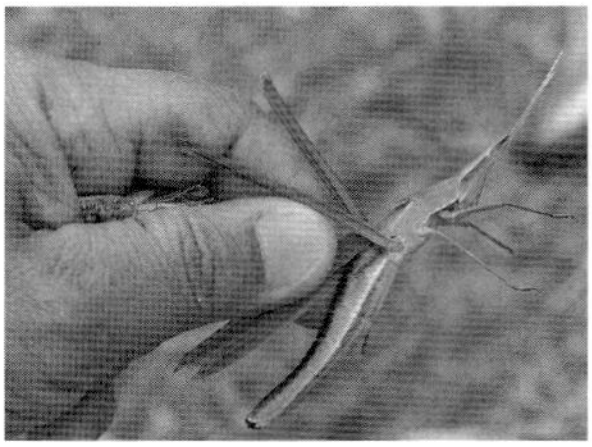

の脇では夜間「害虫」を誘因して捕獲する誘蛾灯が点在していた。

導水路や畦のあいだを探っていると、今年、陸にあがったと思われる当年生のトノサマガエルが飛び出す。さらに溜池の水際に沿って歩くと、ガマやキシュウスズメノヒエの仲間など湿地植物のあいだに陣取るトノサマガエルを多数発見する。ヒキガエルやトノサマガエルを捕食するヤマカガシも確認される。溜池の開放水面では、ヒシが群在し、シオカラトンボやショウジョウトンボ、アジアイトトンボの仲間も産卵している。畦草には、オンブバッタやショウリョウバッタ、コバネイナゴの姿を垣間見る。ヒキガエルは日本のものと少し形態や色彩が異なるが、ほかのものは形態が同じで同種と考察された。

筆者が昭和四〇年代に日本で見たように、今後、中国では食料増産のため、水田に対する区画の拡大や暗渠の導入、それに用水と排水を分離させ農繁期にだけ効率的に導水を使う圃場整備が進むであろう。また、機械化や化学肥料、農薬の使用が広がっていくものと

考えられる。この流れは、トノサマガエルを始め、水田の動植物を絶滅危惧種に追いやった日本と同じ方向に進むのであろうか。そうはさせたくない。

5　食事と食材、生活文化における共通性

九月二七日の朝、瓦房店市郊外の「大和館」で食事をとった。この場所の朝食は饅頭《まんとう》、雑穀の粥、ゆで卵、卵の炒め物、キュウリキムチ、ハクサイキムチ、シナチク、醤油掛けのキュウリなどで、ご飯はない。先の膠南市郊外農村部、蔵南鎮や高崎鎮、それに武漢市で食べた料理に比べ、黄河流域や朝鮮半島のにおいを感じた。

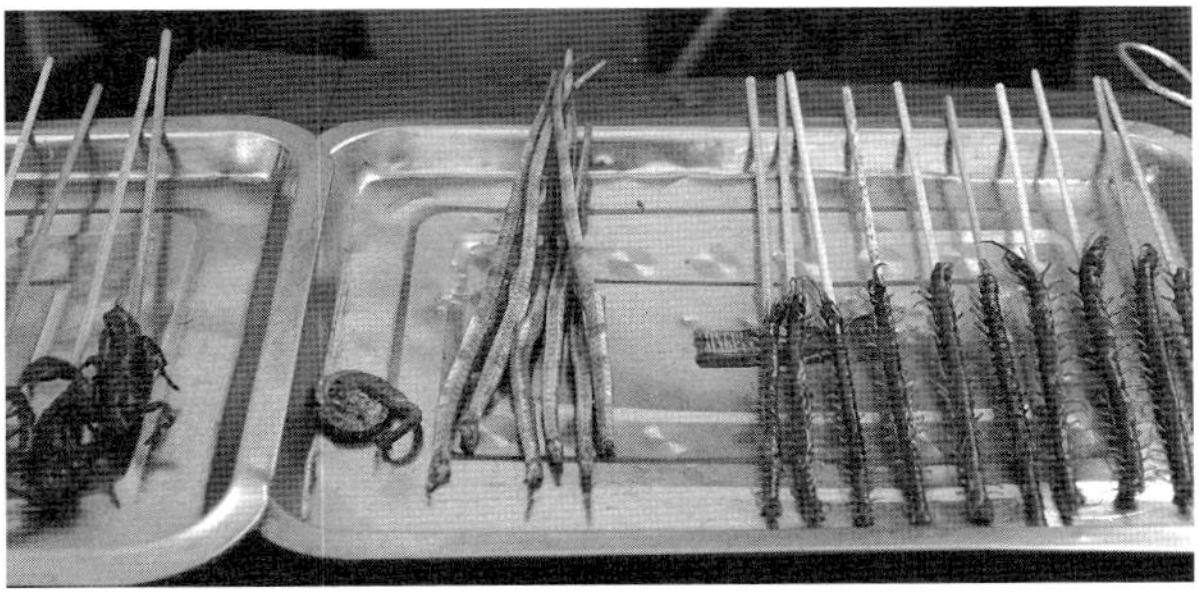

⬆大連市開発区市街地の屋台で販売される串焼きのサソリやヘビ、ムカデ。生きたサソリを屋台で串に刺す

⬅鶏肉の串焼き。「焼き鳥」の素材である。唐辛子の効いた味付けに違和感を覚える

翌九月二八日、大連市内に戻って宿泊した「大連万達飯店」には、Japanese floor があり、朝食はバイキングで「和食」を選択できる。街の開発区は大都会になり高層ビルの建設ラッシュである。ビルの谷間に軒を連ねた屋台に出向き、食材などの調査に入った。店頭では生のサソリやヘビ、ムカデ、セミの幼虫、カイコの蛹、アメリカザリガニなどをその場で串焼きにして売り出していた。アメリカザリガニだけは湯引きしてあったが、サソリは生きたものであり、その他はな

まの状態で販売していた。これらの生物を食べる習慣は日本では馴染みがない。焼き鳥の串には「大和食品」との刻印があるが、唐辛子の辛みが効いたタレがかかり違和感があった。さらに串に刺した湯葉もある。中にミンチ肉を詰めて揚げて販売していた。少し食べ方が違う。

その一方、生のシャコやガザミ、ウニ、ホタテ、岩カキ、アカガイ、バイガイ、アサリ、ハマグリに加え、干物のサヨリやカワハギ、サンマの串焼き、醤油味の焼き飯や焼きそばなど、日本人に馴染みのある食材を販売しており、食文化の日本とのつながりも認識できた。

大連の都市近郊では、循環型の里地里山生活から次第に化石燃料や化学肥料を使用する現代的な生活や農業が広まりつつある。しかし、里山の雑木林や川辺、農地、農家には、循環型の里地里山生活の形跡が至るところに残り、雑木林の落ち葉掻き、萌芽更新など利用方法にも同一性が認められた。さらに動植物や食材、料理について、多少の違いはあっても共通性が多くみられ、日本列島との連続性を検証することができた。

⬆海鮮屋台。日本で馴染みのない爬虫類、昆虫食の一方、日本による植民地（旧満州）時代の影響を持つ可能性もあるが、共通食材が大半を占める。写真はムラサキウニとホタテ貝など。これも日本と同じように食べる。写真奥に湯葉や焼きアジの姿あり

⬆屋台には何とサンマ、カワハギ、カマスの干物。サンマの開きに加えアカガイもある

第5節　韓国最南端、対岸は日本列島
―麗《よ》水《す》市郊外の農村の暮らしと生態系―

遼東半島の次に、日本に里地里山の暮らしと生態系を伝えた物証調べに向かったのは朝鮮半島である。北朝鮮には入国が難しいため、韓国はソウル、そして対馬海峡を挟んで日本列島に向かい合う全羅南道の麗水《よす》市に入った。現地は北側の釜山市と並び、まさに朝鮮半島から日本列島に向けた動植物や文化の出発地点であり往還地点でもある。

平成一九年（二〇〇七年）三月三〇日、中国、青島空港から韓国、仁川国際空港に飛び、全南大學校の金炫兌先生の出迎えを受けた。建築系の環境計画の専門家である。ソウル市内に向かう道沿い、郊外の自然環境を概観した。仁川国際空港はアジア有数のハブ空港であるが広大な干潟を埋め立てて作られたことを知った。里山の雑木林はチョウセンアカマツにモンゴリナラを交える混交林が中心で林内には低木類が密生化する。すでに薪や柴を燃料に使う炭素循環型の生活が終焉し、化石燃料に転換したあとと考えられる。平地では圃場整備を終えた広大な水田が広がっている。翌日三月三一日早朝、韓国の国内線で朝鮮半島南端の麗水《よす》市に飛び、農村部における早春の生活と動植物調査に入った。

現地は対馬から直線距離で一〇〇㎞ほどしかない。かつて豊臣秀吉の軍が攻め入った港町であり、今もその時対戦した船がレプリカで展示されている。街場のビルや民家は海に開けた斜面地に雛壇状に密集する。

市街地を行くと街路樹にはケヤキやアラカシ、それにタブノキの仲間が植栽されている。さらにはスズメの姿もある。店のカレンダーには日曜日から土曜日まで漢字が使われ、日付には干支を並列している。街路

⬆ソウル郊外のアカマツ・ナラ林。既に化石燃料が普及し放置状態。高木林化し、低木層も密生化が顕著

➡左　麗水市内のケヤキの街路樹。日本のものと同じ形態である
➡右　三角州に開けた平野部と傾斜地に集中する麗水の市街地

樹も干支も日本との直接的な連続性を実感させる。コンビニエンスストアもあり日系チェーン店が目に付く。店にはいるとハングル文字ではあるが、おにぎりや肉饅など品揃えは日本と何ら変わりない。このあと金先生の車に乗り農村部に入った。

1　水田と動植物の共通性

沿岸部を回ると広大な干潟が広がり、日本に渡るマナヅルやナベヅルなどの中継地になっている。その後、沿岸の谷戸田に向かう。谷間には石垣で丁寧に積み上げられた棚田が連続し、その下方には圃場整備も入らず暗渠もない谷戸の水田が続く。排水が不完全で田水が五～一〇cmほど溜まる、いわゆる湿田である。一区画三～五畝程度、小型の機械が入る程度の広さである。すでにトラクタが入っているようで、タイヤ跡に田水が溜まる。脇の土水路にも水深一〇～二〇cmの水溜まりが点在する。この水溜まりを観察するとバナナ状の卵塊が複数あった。カスミサンショウウオに近縁の

⬆郊外の沿岸部に連続する広大な干潟。日本と大陸を行き来する水鳥の中継地である

⬆排水が進まない谷戸の湿田。既にトラクタが入っているためタイヤ跡に水が溜まる。トノサマガエルやチョウセンアカガエル、チョウセンサンショウウオが健在である

➡谷戸の棚田群。土手は石垣であり、水田の面積を最大にするため、ほぼ垂直に立っている。里山ではマツだけが切り残され、雑木は燃料として刈取られている

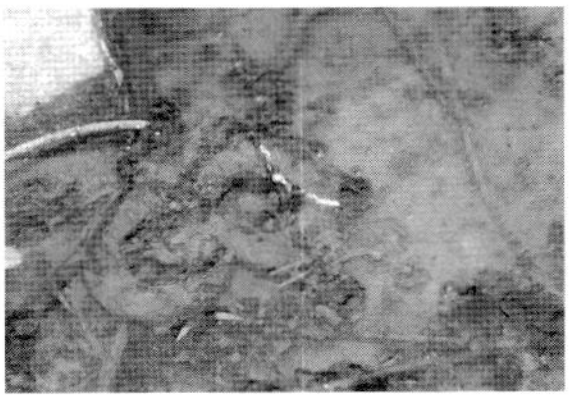

⬆湿田に産み落とされたチョウセンサンショウウオの卵塊。日本のトウキョウサンショウウオやカスミサンショウウオと同じくバナナ型である

⬆チョウセンアカガエルの成体と孵化したばかりの幼生（右中央）。左方にはサンショウウオ幼生の姿も見える

⬆畦には日本と同じスギナやツクシも自生。写真中央下にセリの葉も見える

⬇路肩の土手で山菜掘りを行う婦人

⬆夫婦で摘み取って集めたワラビ。太く立派な新芽である

➡里山では何と山菜としてワラビ採りを行う習慣もある。これも朝鮮半島から日本へ伝わった文化的要素なのか？

チョウセンサンショウウオのものである。卵は既に孵化し小さい幼生が動き始める寸前である。田内に踏み込むとチョウセンアカガエルの卵塊が散在した。孵化したオタマジャクシが無数に泳ぎ回る。水底に沈んだ稲ワラにはマルタニシがざっと一目で五〇〜一〇〇頭も生息していた。耳を澄ますとどこかで聞いたことのあるグァル、グァルという鳴き声が聞こえた。トノサマガエルの声である。まだ気温が低いためか暖かい水に浸かって体温を維持している。メスが田んぼに集まり産卵に至るまでにはまだ日数を要する。

畦には、チガヤ、スズメノテッポウ、ニガナ、ノミノフスマ、タガラシ、タネツケバナ、それに何とツクシなど、日本とほぼ同種の野草が自生している。取材途中、夫婦二人組みの農民に出会う。手にはなんと摘み取ったワラビの新芽を持っている。また、沿岸の土手や畦ではヨモギやタンポポ、ノビル、アスター属のキク科植物の新芽を採取する女性も散見される。この山菜採りもワラビやヨモギ、ノビルなどを食べる習慣も日本に伝わった里地里山文化要素の一つかと驚かされる。タンポポは日本のエゾタンポポを思わせる形態であった。

2 — 里山と植物、農家の暮らしにおける共通性

この後、雑木林やマツ林の利活用とエネルギー循環の状態、それに自生する動植物の種族を確認するため里山に向かった。山は全般にチョウセンアカマツのマツ山で地味の良い山裾にはコナラの仲間など落葉広葉樹が混生する。柴採取の下刈りが継続されている林と、薪や柴を採取し燃料にするエネルギー循環が止まり始め、放置状態で林床に低木が密生する林が混在する。スイカズラやススキがソデやマント群落を作る林に踏み入ると、ヒサカキやサルトリイバラ、コバノミツバツツジの仲間、シャシャンポ、ネズミモチなど、ま

⬆里山の植生。柴刈りしてマツを育成する林地と放置状態の林地が混在する。林と山裾の畑との境に土葬の墳墓がある。日本の里山でも墓地がこの境目にあることが多い

⬆亡くなった方々を葬った円墳墓。全体は、年２～３回、草刈りが施されチガヤ群落になっている。土葬になった人体が分解され、栄養分が重力水とともに下方の田畑に流れ、作物が吸収して再び次代の食料に循環する。これは青島や大連でもみた徹底した有機物の循環システムである

⬆柴刈りされるマツ林ではコバノミツバツツジの仲間が刈り残され、４月はじめ、丁度、開花時期に巡り合わせた。日本のものより花弁が厚く、花色のピンクが少し濃い。雑木林や田畑の土手、用水路に生える植生、植物種は日本との共通性がきわめて高く、同種も多数確認された

⬅墓地下方の畑では春ムギ、エンドウ、アブラナなどが栽培される

➡農家の屋敷裏にはウメ畑、ニンニクやフキ、ネギ、菜っぱなどの野菜畑が連続する。その上段には墳墓が続き、尾根の方向に刈り残して育成したアカマツ林が広がる

⬇畑の周囲は石垣に加え、海風を避けるためササを密生化させ刈り込んで垣根を造っている。ここでも中国、長江流域や山東省と同様にカキが普通に栽培されていた

⬆飼い主が持ち寄るワラを欲しがる農家の赤牛。既に耕耘機が入り耕耘、荷役の役目が終焉している。飼育目的は肉牛販売と堆肥生産である

るで日本のアカマツ林である。ヒトの手が入っている低木層や林縁では、コバノミツバツツジに近縁のツツジが花盛りである。西日本でいう早春の美しい里山景観である。何と、マツを切り残し、雑木や低木を刈取り地拵えした林地にヒノキを植林した場所もある。これらの植生や林地管理の方法の共通性から、日本列島との連続性が確認できる。

山裾には、墓地、畑、谷戸田が連続し、定期的に刈取る土手や墓地にはチガヤが優占し、スズメノヤリ、キランソウ、ヨモギ、カスマグサ、イワニガナ、ツルボなどが混生し、ハルジオンまである。どの草種も日本のものと形態は同じである。畑には裏作のコムギのほかエンドウやネギ、ホウレンソウ、ニンニクなどが栽培されている。水路際にはエゾギシギシ、セリ、タネツケバナなどが自生する。墓地は雑木林と畑の境に位置し、土葬の円墳であり、墓前にはコノテガシワやサツキツツジが植えられている。直径三〜四mとかなり大きなものもみられる。土に戻されたヒトの栄養分は斜面を重力水と一緒に流下し、畑、そして田んぼへ

年数を経て次代の食に循環していた。

このあと海沿いの農家に向かい、農家の暮らしにおける日本列島との共通性と、変容状態を取材する。狭い路地の両側には、海風を避けるために石垣やコンクリート塀が連続し屋敷が密集する。石垣の上の垣根には海風を避けるためにササを刈り込み密生状態に育成している。一部の農家は農耕兼堆肥生産用、兼牛肉生産用の牛を飼育する。飼い主が稲ワラを差し出すと喜んで食べ始めた。すでに耕耘機や化成肥料、農薬などが使用され、近代化が浸透し始めている。納屋には化成肥料が保存され、家畜の糞尿による堆肥や人糞尿による下肥を使う栽培体系は終焉に向かっていた。作る米はジャポニカ米であり、納屋の米櫃には短粒のモミが保存されていた。屋敷裏の斜面には、ウメ、カキなどの落葉性の果樹園があり、その上方に畑、さらにその上にアカマツ林が分布する。果樹園の林床にはツワブキやニンニクが栽培されていた。

3 ― 食事と食材、生活文化における共通性

平成一九年（二〇〇七年）三月三一日、朝、ソウルから麗水《よす》市に入り金先生の案内で朝食をとる。フグの肉とセリの水炊き、醤油を付けて食べる。テーブルに並んだ副菜にはダイコンやハクサイ、イカキムチのほか、日本と同じ白菜漬け、菜っぱの漬け物などが並ぶ。もちろんご飯は短粒のジャポニカ米であった。このあと農村の取材に入り昼は市内に戻り食事をとった。主菜はダイコンと魚の味噌煮、コチジャンが入り少々辛い。周囲にはカニの魚醤と思われる醤油で漬け、少し乳酸発酵させた品、日本ではお正月の総菜にある甘辛く煮込んだ棒ダラ、海の小魚を干したゴマメが出てきた。このほか湯がいたモヤシ、シシトウの炒め物、ワケギのぬたなど、日本でお馴染みの品々が並んだ。

⬆朝食に出たセリとフグの水炊き醤油だしで賞味した

⬅魚醤で発酵させたモクズガニ

⬆海鮮料理屋入口の水槽。活けのイシダイのほか、アワビ、サザエ、タコ、ホヤ、ナマコなどが陳列されている

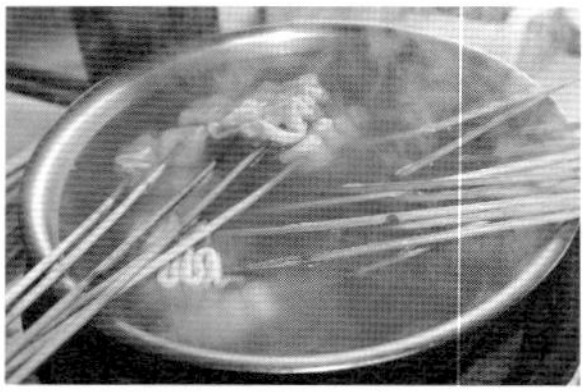

⬅海沿いの田舎道で休憩に入ったよろずやで、醤油、ビスケット、缶ジュースのほか、手作りの品が出てきた。写真は湯葉のおでん

⬇キムチやモヤシのほか、何と手作り豆腐のヤッコが出てきた。ゴマ醤油で賞味した。「日本酒」ではないがマッコリと思われるお米のお酒もあった

⬆店先でのイサキの刺身づくり。写真後方は客に出す刺身を盛りつける店員

⬆麗水市内、簡易食堂の朝食。驚くことに太巻きがあり、具には卵焼き、ニンジン、ホウレンソウ。漬け物にはキムチに加え日本と同じ沢庵漬けが普通にあった

⬅薄口醤油を使ったいりこ出汁のうどん。具には海苔、ネギ、シュンギクに、きざみの薄揚げ。味はまさに関西風である。しかし、地元では昔からうどんは常食とのこと

⬅さらに朝の簡易食堂には「ブルゴギ」もあった。日本のすき焼きを卵とじにした味。ご飯にかけて他人丼で賞味した。沢庵漬けのほかにキュウリの漬物も出てきた

再び取材に入り海沿いに進む。山裾に玉石を丹精に積み上げた棚田を見下ろし小さなよろずやで小休止した。ここで目にしたのは、白菜キムチ、湯がきモヤシに加え、おばさん店主自らが作った豆腐と、串に刺しておでんのように煮込んだ湯葉であった。早速ゴマ醤油を付けて食べた。湯葉がおでんとして庶民の食べ物であった。さらに韓国で日本酒とは言わないまでも、マッコリと思われるお米で作ったお酒も卓上に出た。

このあと磯に降り立つと、若者が釣りを楽しむ。何とその場で釣り上げた魚を刺身にしてワサビ醤油で食べている。もちろん所持品のワサビは携帯用のチューブ入りである。しかし鮮魚を刺身で食べる習慣が普段にあった。夕食は、金先生に連れられ地元の海鮮料理屋に入った。入口に海鮮水槽が並び希望するものをその場で刺身にしてくれる。海に面しているため魚種が豊富で新鮮である。ヒラメやクロダイ、イカ、生ダコ、ナマコ、ウニ、アワビ、サザエ、ホヤなどの刺身が座敷のテーブルに並ぶ。穀醤系のたまり醤油にワサビを混ぜ、これに浸けて食べる。中国の農村では刺身を食べることはなかったが、ここでは普通であった。店先で直接刺身にして客に出す。我々の入った店では入口で、イサキやホヤ、イイダコの刺身を作っていた。

四月一日、二日目の朝、街場の簡易食堂に入った。ここでは眼から鱗の光景に出会う。何と主なメニューが海苔を巻いた太巻きと、煮干しのだし汁に入った暖かい切り麺の「生うどん」であった。うどんの具には海苔と薄揚げの刻み、シュンギクが使われ、日本の生うどんと全く同じである。煮干し出汁は日本による植民地時代に導入されたもので伝統的料理法ではないようだ。[110]韓国から筆者の所属する和歌山大学に留学する金智恵さんによると、韓国でも「うーどん」とも呼ぶが、普通はカルクッスという。太巻きの具材は、卵焼き、ダイコンと菜っぱ、ニンジンの煮付け、味付けは薄味であった。海苔巻きの海苔はゴマ油が付いた韓国海苔ではなかった。

もちろんキムチもあるが、これ以外に日本のものとほぼ同形で味も同じダイコンの沢庵漬け（韓国名：チャ

⬅魚市場の入口にある乾物屋に入ると、スルメに干しワカメや昆布、いりこ、丸干しのめざし、小魚のみりん干しも普通であった。写真左端が全南大學校の金先生。同行の日本人に説明するが、内容はまさに日本の乾物文化である

➡鮮魚売場。タチウオ、エイ、サワラ、ハマチ、赤魚などが並ぶ。魚種は日本とほぼ同じである

⬇干物は市場の外回りで直接開き天日干しする。タラ、アジ、サバなど魚種は豊富である

ンムジ)、キュウリの浅漬けに醤油をかけた添え物(オイムチム)が付く。沢庵漬けは、着色も薄い黄色で味も日本のものとほぼ同じである。このほかにも牛肉を使ったブルゴギ、豚肉の卵とじがあり、ブルゴギの味は日本の「すき焼」とほぼ同じである。豚肉の卵とじは薄口の醤油などで味付けされている。唐辛子を使わず辛さの違和感もなく、ご飯にかけるとまさに他人丼である。もちろんご飯(韓国名:バブ)はジャポニカ米であった。

麗水《よす》市で食べた「うどん」は、中国でも「麺《みえーん》」、または「烏東《うーどん》」と呼ぶ。湖北省武漢市や山東省膠南市では、味付けにも違和感なく、碁子麺状の乾麺(切り麺)を戻した煮込みうどんを食べた。これらの実体験と物証から、「うどん」の原型が中国から朝鮮半島を通り日本に伝来したことに確かな実感を得た[110]。ここで味わった太巻きやうどん、他人丼について、金先生に昔からあるのかどうかを尋ねると「そうです。物心付いた時から記憶があります」とのことであった。日本の新聞が韓国風海苔巻きの発祥地が、韓国統営市あたり

で「キンパップ」と呼ぶことを紹介していた。韓国では古くから海苔やご飯を食材にしていたが、海苔巻きにしたものは日本から伝来であり、相互交流によって生まれたフュージョン料理であるという[115]。また、沢庵漬けの原型は韓国にあり、ダイコンを干し萎びさせてから桶などに入れ塩をまぶして漬け込む。十分漬かると、切ってコチジャンを付けて食べる。このチャンムジが日本に渡って沢庵になり、それが韓国に戻ったという。現地では「タックアン」とも呼ぶ[115]。

麗水を離れる間際、市内の海鮮市場に案内された。まず乾物屋に寄るとスルメ、イカの姿干し、乾燥ワカメ、昆布、カワハギやフグ、小魚のみりん干しが陳列され、店員が試食を勧める。さらに眼を凝らすと何とイワシの丸干しに、小魚のいりこがあるではないか！　感動の一瞬であった。このあと鮮魚コーナーに行くと、アンコウにタチウオ、サワラ、スズキ、イシモチなどの鮮魚、ハマグリ、アカガイ、生のタラコ、イイダコなどが並び、アジやタラ、カマスのひらきが販売されていた。干物は周囲の空き地で魚を開いて干した製造直売であった。

さらに市場を行くと、雑貨に加え、カブやシシトウ、チシャ菜、モヤシ、湯戻しした干しゼンマイなどの食材を売る店が並ぶ。さらに路地裏を行くと、そこには何とアズキの「おしるこ」を売る屋台があるではないか！　里地里山の生業や動植物はもちろんのこと、食文化に対しても脈々と続く伝播と交流の歴史に関する確証を得た。

＊第3章で述べた動植物の和名は、特に断りのない限り日本産のものと同種、または、個体群の交流が絶たれてから分化した近縁種を指す。

注1　**マント群落・ソデ群落**　樹林の林縁部に成立する植物群落を指す。樹林に連続するマント群落は有刺低木やアカメガシワやヌルデなどの先駆性植物、フジ類やクズなどのツル植物等から成る。この外縁にススキなどの草

注2　本類を中心とするソデ群落が成立する。樹林内の気象条件を安定させ哺乳類などの侵入、攪乱を防ぐ役割を持つ。

源頭部《げんとうぶ》　三方を里山に囲まれた谷間の低地を谷戸、谷津《やつ》と呼び、その最奥部分を指す。斜面から湧き出す水を集めるため溜池が施されることがある。

注3　**高水敷《こうすいじき》**　河道のなかで、常時、水が流れる低水路よりも一段高い堤防沿いの敷地を指し、堤体を保護する役割を持つ。出水時に水かさが増すとこの部分にも水が流れる。

注4　**封山育林、退耕還林**　一九九八年、長江を中心に発生した大水害を契機に一九九九年から施行された森林保全の掟である。「封山育林」とは、人や家畜の出入りを禁止する制度、「退耕還林」とは、毛沢東時代に林地から田畑に開墾された場所に植林を施し森林を再生させる制度。国有・集体有林ともに全国すべての天然林を禁伐とし、盗伐に対しては取締まりが行われる。集体とは、共同で労働を行い労働に基づいて利益を配分する社会主義経済上の組織である。農村では村に該当することが多く、集体有林とは日本での村有林や部落有林などに近い意味を持つ。

第4章

日本列島の暮らしと自然を支えた里地里山文化

柴刈り跡に再生する雑木と増殖するゼンマイなどの山菜。後方の低木は刈取り前の柴（新潟県新発田市）

第1節　里地里山文化の伝来と発展

第2章で述べたように、約一三～一八万年前のリス氷期には中国大陸と日本列島とが直接つながっていた。さらに約七～一万二〇〇〇万年前のウルム最終氷期には、間宮海峡が大陸と地続きで冬季には津軽海峡に氷橋ができ本州と北海道がつながった。これによって大陸の動物やヒトが列島に移動できた。このリス氷期と最終氷期の時までに、今日の生態系の骨格を構成する動植物が日本列島に渡った。日本列島でヒトが生活を始めた最終氷期には、照葉樹林は九州南部の沿岸部にとどまり、現在、照葉樹林帯といわれる地域の大半は、落葉広葉樹林が占めていた。また、それより高い標高地や北方では亜寒帯針葉樹林が隆盛した。照葉樹林の植生は、縄文海進の前後から、中国地方沿岸や九州沿岸地域から列島を北上した、後追い植生である。当時、関東から九州の低山地域の植生遷移の最終段階は、落葉広葉樹林であり照葉樹林ではなかった。コナラやアカマツの二次林と照葉樹林とは同じ遷移系列の上にはなかった。

人口推計学の研究によると、日本の人口は縄文中期に二六万人余りに増え、弥生時代には約六〇万人ものヒトが暮らした。これらの人々は燃料や生活資材を得るために森林を伐採し始めた[32]。里地里山生活の第一歩が始まったのである。昭和二〇～三〇年代まで農家一家族当たり、少なくとも年三～五tの薪や柴を燃料にするために伐採した。また、縄文時代から近世に至るまで一般農民の住宅事情は、今と比べ物にならないほど質素であった[36][116]。縄文海進以後の寒冷化により[11]、燃料や炊事に使う薪柴が増え、立木の伐採を促したものと考えられる。また、製塩や製鉄に要した燃料も里山の薪炭であった。人々が生活を始めて以来、森林の伐採が始まり、二次林化、草原化する場所が増えていった。

縄文時代の晩期は、縄文海進後の海退期あたり、気候寒冷期（約三〇〇〇年前）である。この時期の中国では、段周革命や春秋戦国の乱を逃れた難民に加え、寒冷化に伴う気候難民が多数発生した。これらの人々は、新天地を求め、ボートピープルとして長江中下流域などから稲作技術や作物など、大陸文化を携え渡来した。[41]縄文時代から弥生時代の遺跡からは、すでに米のほかコムギ、ヒエ、アワ、アズキ、ダイズなどの穀物、ウメやアンズ、モモなどの果樹が発見され、渡来人が栽培技術を伴って伝えたことを物語っている。[43]日本人の主食であるイネの原産地は日本ではない。ジャポニカ米の祖先は、中国、長江中下流域などに源を発する。[15][41]弥生時代初期から奈良時代初期までの約一〇〇〇年間に大陸から列島に渡った渡来人は一五〇万人にのぼった。これらの人々は里地里山の暮らしを始め、数多くの文化要素を伝えた。[32]

その後も遣隋使や遣唐使達が数々の大陸文化や動植物を持ち帰った。西暦六三〇年から八三八年の二〇〇年余りのあいだに留学僧や留学生を乗せた遣唐使船は、計三六隻に達した。このうち二六隻が「長安」から日本に戻り数多くの大陸文化を伝えた。長安は現在の西安であり、秦の始皇帝が築いた都や唐の都がおかれた。中国大陸に赴いた僧侶を含む留学生だけでも八〇人、このほかにも通商、船師、水夫、陰陽師、画師を含む随伴員など五〇名を超える人々がいた。[117]

大化の改新（六四五年）後、これらの人々は平城京を唐に習った都城（城郭をめぐらした都市）として完成させ、中央政府を中心に中国の唐を模倣した生活様式を導入した。奈良時代にはすでに牧野も乳牛も伝播し、牛乳やコンデンスミルク（酪《らく》）、チーズ（蘇《そ》）などの乳製品もあった。天平美人がふくよかで、貴族や僧侶が絢爛たる仏教文化を築けたのは、これらの優れたタンパク源のおかげではないかという研究者もいる。[114]

もちろんこの時代には乗用馬も入り、東国だけでも繁殖、養育用に三二の牧があった。

動植物も氷河期の地続きの時代に日本列島に渡ったものに加え、ヒトや作物の移動とともに、無作為、また、作為的にヒトが持ち込み伝播した。リス氷期、それに約一万二〇〇〇年前の最終氷期までは、列島の西南日本には落葉広葉樹林、それ以北には亜寒帯針葉樹林が広がり、イネが栽培できる気象条件ではなかった。このことからも史前帰化植物の多くは、約六〇〇〇年前の縄文海進後、海を渡った大陸人が食料やその随伴種として列島に持ち込んだものとみられる。西南日本の田園地帯に自生するヒガンバナも、これら渡来人が縄文晩期に稲作技術とともに長江下流域から救荒植物として伝播した。(104) 事実、ヒガンバナは、刈敷や牛馬の餌を得るために草刈りを継続する棚田の畦に自生している。ヒガンバナは稲刈り前の最後の草刈り後に花茎を伸ばして開花し、畦草刈りをしない稲刈り後に展葉して成長する。晩秋から春に茎葉が生産した栄養分の大半を、春の最初の草刈り前までに地下の鱗茎に貯蔵し、地上部は枯れる。種子はできず繁殖は鱗茎の分裂だけなので増殖速度は遅いが、草刈りをする畦の管理に合わせた生活史を持つ。畦を荒らすモグラ除けにもなり、救荒植物としても極めて生産効率が良い。

さらに水田雑草として嫌われるコナギや、今では絶滅危惧種になったミズアオイは、奈良時代から平安時代には野菜であり、『万葉集』には水田にて栽培した記録が残る。(54)(117)

さらに、薪や柴など、循環型の燃料を使いこなしたからこそ、カタクリやニリンソウなどの春植物、ギフチョウやオオムラサキなどのチョウが、現在の照葉樹林帯でも生き延びることができた。刈草を餌とする牛馬とその糞尿による肥料の循環があったからこそ、本来、照葉樹林に遷移するはずの草地が草地のまま維持され、キキョウやオミナエシなどの野生草花が生存できた。そこにクララやツルフジバカマ、ワレモコウなどのチョウの食草が多数混生していたからこそ、オオルリシジミやヒメシロチョウ、ゴマシジミなどの草原性のチョウが生き延びてきた。さらに人糞尿による肥料循環があったからこそ川水を汚さなかった。水田に引いた水も一回切りで捨てたわけではない。下に連なる棚田へ落とし何度も何度もイネに養分を吸収させ浄化したあと里川へ流した。だからこそ川の水が清く魚介類で溢れ、川水を生活に使うことができた（111頁図40）。

土手や畦の草刈りを行ったからこそ、ヒガンバナなどの救荒植物を増殖できた。燃料や肥料、家畜の餌を得るため、定期的に雑木林の立木を伐採、更新し、堆肥を得るため落葉落枝を採取した。この生活に不可欠な営みが、里山に山菜や薬草、キノコなどの副食、それにノウサギやキジ、ヤマドリなどのタンパク源を一寸の無駄なく育んだ。さらに、水田稲作の拡大がカエルやトンボなど、イネの害虫を餌とする生物の生息地を拡大させ、その密度を高めた。このことが農薬を使わずとも甚大な被害を出さない食物連鎖を育んでいた。日本列島でも大食漢のコウノトリやトキが野生で子孫を継承できたのは、もちろん無数に近い餌を増殖する無農薬無化学肥料栽培の稲作田が全国に拡大していったからである。江戸時代まで、タカやトキ、ツルなどの高次消費者を守るために地域性保護区が設置され、一般人による狩猟を厳しく制限した。鷹場の掟が結果として生態系の食物連鎖と物質循環を守った。これらの事実からも循環型の里地里山生活が動植物の生存を支え、生態系を育み、一方、その生態系が人々の生活の基盤になっていた。

中国の長江流域から山東省、遼寧省、朝鮮半島麗水《よす》市郊外の農村調査では、里地里山の生態系や農の営み、食を始めとする生活など、いたるところに日本列島との連続性と日本への伝播，相互交流の流れがあったことを検証することができた。その基層にあるものは、米を主食とし、水、燃料、生活資材等々、命と子孫の継承に必要なものを、再生と再利用によって、すべて持続的、循環的に自給する「里地里山文化」である。これに基づく循環型生活が、日本列島に息づくヒトの歴史を作り出した。もちろん、これと共存する生態系もである。

中国大陸で広く確認された薪や柴による再生可能な燃料の確保、家畜糞尿による堆肥や人糞尿による下肥などの循環、中国陝西省洋県でみた野生トキ、武漢市や大連郊外の農村で捕獲したトノサマガエル、山東省膠南市や大連市瓦房店の農村で観察した数々の樹木や野草、韓国麗水《よす》市郊外の農村で確認したサンショウオやアカガエルの仲間、タニシやツクシ、それにワラビやノビルなどの山菜採り、アカマツ林の姿、食材や料理の数々、これらが日本列島に伝わり、相互の交流のなかで独自の方法に発達し、作物には品種改良が加えられ、野生の動植物は、気候や土壌条件などの環境条件にあわせて独自の分化を遂げてきた。

筆者が学んだ大学院時代、遺伝育種学の研究室には、ユーラシア大陸を広く調査し、日本文化の基層は照葉樹林文化だとする「照葉樹林文化論」を説いた先生が在籍された。[48] その後も照葉樹林文化論は隆盛を極め、照葉樹林の代表格である西日本の鎮守の森を元の平野部の自然植生だと見極め、地霊を祭った森、日本人のふるさとの森、生物多様性のシンボルなどとして崇められた。[118][119][120] さらに植生遷移の最終段階の極相林は暖温帯では照葉樹林で、照葉樹林が最も自然度の高い植生として祭り上げた。[118]

筆者は、日本列島の生活文化や生態系がこの文化圏の影響下にないといっているのではない。現在の気候では、里山を放置して自然にまかすと東北地方沿岸部の一部、関東以南の低山帯の大半は、その照葉樹林に遷移するだろう。また、「東亜半月弧」と名づけられた、東南アジアから雲南など中国南部に三日月円弧型に広がる照葉樹林帯の地域（48頁図15）には、茶、納豆、コンニャク、麹酒、柑橘類、漆、絹、鵜飼、歌垣、晒し技術など、日本と共通する文化要素は数えきれないほどある[49][120]（表7）。しかし、それはあくまで共通した要素でしかない。

縄文晩期から弥生時代に、稲作が伝播し、北上するに伴って人口が増加する。わが国の水田面積は平安時代中期の八六万haに対し、江戸中期には一六〇万ha、明治に入ると二五〇万haを超えた。[116] 人口は、奈良時代には四五〇〇万人、江戸時代中期には三〇〇〇万人、昭和二五年には八〇〇〇万人を超えた[31,32]。自然環境から搾取することだけで、この増加した人口と衣食住をまかない続けることは困難である。だからこそ、米などの穀物を主食とし、水、燃料、生活資材等々、命と子孫の継承に必要なものをすべて持続的に自給する徹底循環型生活と生態系＝「里地里山文化」が求められた。この里地里山文化は、大陸からの「ヒトの道」、「米の道」を通って伝播し、交流のなかで洗練されてきた。このことは中国大陸や朝鮮半島での調査結果からも理解される。だからこそ、水田面積の拡大を通して人口の増加にも対応できた。

　このサスティナブルな循環型の生活と、これに共存して歩み続けた生態系は、大陸の照葉樹林帯から伝来した各種の文化的要素や、現在の西南日本の極相林である照葉樹林と、その文化論だけでは説明しきることができない。また、従来から主張されてきたナラ林文化やブナ帯文化、稲作文化論などからだけでも説明しきれない[48,49,50,120]（表7～9）。

　里地里山の環境に負荷を掛けすぎると、また、収奪が限度を超えると、災害や凶作で生命、生活が犠牲になる。その戒めに「山神」や「田の神様」を崇拝し大切にお供えと礼拝を続けた。

表7　照葉樹林帯における文化の発展段階とその文化的特色

佐々木高明『照葉樹林文化とは何か』中公新書（中央公論新社）から引用

発展段階（その文化）	主な文化的特色
プレ農耕段階 （照葉樹林型の採集・半栽培文化）	狩猟・漁撈・採集活動が生業の中心。 水さらしによるアク抜き技法がよく用いられる。ウルシの利用、食べ茶の慣行、堅果類やクズ・ワラビ・ヤマノイモ・ヒガンバナなどの半栽培植物の広範な利用、野蚕の利用などが特徴的である。 一部でエゴマ、シソ、ヒョウタン、マメ類、その他の作物を小規模に栽培し、原初的農耕を営む。
雑穀栽培を主とした焼畑農耕段階 （照葉樹林型の 焼畑農耕文化）	雑穀・根栽型の焼畑農耕が生業の中心となる。 高床・吊り壁型の家屋をはじめ、飲茶の慣行、ウルシを用いる漆器製作や竹細工、滝木の靭皮繊維から紙を漉く技術、桑を食べない蚕を飼育し絹をつくる技法などがあり、麹を用いる粒酒の醸造、納豆などのダイズの発酵食品、コンニャクなどの特殊な食品の製造が行われる。 モチ種の穀物の開発と利用、その儀礼的使用が盛ん。 オオゲツヒメ型神話、洪水神話、羽衣説話その他の共通の神話、説話が広がる。 山の神信仰はじめ、歌垣、山上他界、儀礼的狩猟、アワの新嘗や八月十五夜のサトイモの儀礼、その他の多くの 共通の信仰や習俗が拡がる。
稲作が卓越する段階 （水田稲作文化）	水田稲作農耕が生業の中心をなす。 上記の諸特色に加え、ナレズシづくりの慣行、鵜飼の習俗、稲霊信仰、正月の来訪神、焼米の製作と利用、その他の文化的特色が加わる。 宗教的、社会的、政治的統合が進み、国家が形成される。

これらの教訓が、人々に生きていくための知恵と技を継承させてきたのである。

すでに飛鳥の時代から植生を再生させ土砂の流出や出水を抑えるため、禿げ山になった里山での柴刈りや薪の伐採、草刈りを禁止する勅令が出された。このことが天武天皇の勅として『日本書紀』に記されている。[3] 水源を涵養し、山地からの土砂の流出を防備するため、奈良時代から「留山」という制度があった。この山に指定されると立木は禁伐になった。その後も、燃料や水田の肥料にする刈敷、家畜の餌にするため、里人は立木を伐採し草を刈った。当然、人口も増加し、水田の面積も増加を続けているわけであるから、荒廃地が増加する。このため、江戸時代には各地の藩が過剰な伐採や草刈りを規制し、罰則を設けた。村によっては「村用山」として留山にするところもあった。[3] 明治期に入っても伐採規制が行われ、京都府は明治五年、個人持ちの山にも「立木伐採に就いて制限」との布令を出して戒めた。

現在まで日本列島、そして東アジアに、ヒトが繁栄を遂げてきたのは、まさにゴミや余分なCO_2などのガスを出さず食料や燃料、水、生活資材を持続的に循環・再利用するシステムが展開していたからである。里山の樹木一本がCO_2を吸収する量は直径五〇cmのマツや落葉広葉樹は年三九〇kg、常緑広葉樹では年二四〇kgである。大人一人が呼吸により排出するCO_2は年約三六〇kgである。この数値を比較すると落葉広葉樹では一本、常緑広葉樹では一・五本で大人一人の一年分のCO_2を吸収できる。[121] 昭和二〇～三〇年代まで、この吸収された炭素がわが国の燃料に循環してきた。

このシステムの要は、地下に埋蔵された化石に燃料や肥料の原料を求めず、地上と海に繁殖する動植物、それに水を幾度となく再利用を繰り返し、循環させ、結果としてそこに共存する動植物のすみかを始め、生態系を守り続けたことにある。里山はヒトにとって、燃料や山菜など生活の糧を確保する場所であると同時に、最期に還る場所でもあった。雑木林と田畑の境にある土葬の円墳は、現世のヒトが消費する作物や燃料となる植物に人体の栄養分を戻すという、徹底した循環思想に基づいている。筆者は、改めてこの徹底循環型の生活とそれを支えた生態系を含めて、「里地里山文化」と称したい。これなしでは東アジアをはじめ、日本列島における人々の生活とその継承及び発展、それに生態系は存続しえなかった。この文化は、最終氷期以降、代を重ねて伝えられてきた先達の教えであり、大陸との間に続いたヒトと文化の往来のなかで洗練されてきた。

里地里山に共存する生態系や動植物、水、土など、自然環境を構成する要素には無用物は何もない。持続的な循環型社会を見直す上では宝の山である。そこに暮らす里ビトは、次代に里地里山文化を伝え、命、仲間、労働の大切さを教えてくれる先生でもあった。日本列島が形成されて以来、人々は大陸との交流を通し昭和二〇~三〇年代にいたるまで、持続可能な徹底循環型の生活と文化を築き上

表8　ナラ林文化の発展段階とその文化的特色
田畑久夫『照葉樹林文化の成立と現在』(古今書院) から引用

区分	発展段階 (その文化)	おもな文化的特色	事例
Ⅰ	プレ農耕段階 (ナラ林漁撈・採集・狩猟文化)	サケ・マスなどの漁撈 大型堅果類・球根類の採集 海獣・シカ・クマなどの狩猟 竪穴住居と定着的村落	ニブヒ・北海道アイヌの伝統的生活様式
Ⅱ	農耕段階 (ナラ林雑穀畑作文化)	Ⅰの特色を継承 アワ・ソバの栽培 北方系作物群 (W型オオムギ・洋種系カブなど) の栽培 豚の飼育	挹婁 (粛慎)・勿吉・靺鞨などと称されたツングース系あるいは古アジア系諸民族の生活様式
Ⅲ	崩壊段階	狩猟民・牧畜民その他の侵入により特色をなくす (12～13世紀頃)	

(佐々木高明・大林太良編、1991, 表4などを一部改正して作成)

表9　日本におけるブナ帯文化の発展段階 田畑久夫『照葉樹林文化の成立と現在』(古今書院) から引用

区分	発展段階	主要な文化的特色	時期
Ⅰ	自然物の採集時代	サケ (シロザケ)・マス (サクラマスなど) の漁撈、クマ、シカなどを中心とする狩猟、クリなどの堅実類の採集、アワ・キビ (*Panicum miliaceum*)・ソバなどの雑穀を主として栽培する焼畑耕作が結合	縄文時代から弥生時代
Ⅱ	穀物を中心とした常畑輪作と家畜	焼畑耕作の減少、アワ・キビ・ヒエなど雑穀の常畑での栽培、牛馬の飼育の普及、薪炭・タタラ製鉄の開始	中世から近世
Ⅲ	田ビエと常畑の2年3作	田ビエの栽培、常畑での麦作の普及および雑穀・ダイズとともに2年3作の輪作、照葉樹林文化[1] の導入	江戸時代
Ⅳ	稲作と養蚕、製鉄の発展	耐寒性種選抜、改良・技術体系の確立による稲作の普及、雑穀栽培の消滅、養蚕・馬産・製鉄の発展	明治時代から現在まで
Ⅴ	ブナ帯における近代的文化複合	高原野菜、花卉の栽培、スキー・避暑のリゾートの建設	近代以降 (北海道)

1) 市川健夫・斎藤功によれば, 水田における米麦2毛作を基幹とし、それに茶・線花・藍・タバコの栽培を加えた文化複合。
(市川健夫・山本正三・斎藤　功編、1984：28-30より作成)

げてきた。そのなかで、子供やお年寄りを大切にする心得、仲間を作り増やし大切にする心得、食べ物や生活用品のすべてを大切にする心得、食べ物を生産する技、肥料をつくる技、エネルギーをつくる技、衣類をつくる技、屋根や柱等、建材をつくる技、水を大切に扱い川を汚さない技、空気を新しく蘇らせる技、自然の容量を察する技などを学び次代へ継承してきた。何よりもヒトや動植物の命を大切にして仲良く生き、世代を重ねた。増えすぎた里山の野生鳥獣は、ヒトとその動植物を守るために個体数を調整し、ヒトの食料に循環した。

第2節　里地里山文化の現代的展開に向けて

現代の日本社会はどうであろうか？　今後、地球上では、化石燃料の消費量の増加や人口増などで縄文海進時代に次ぐ、新たな地球温暖化による海面上昇が起こる可能性がある。食料不足、生物多様性の衰退も予測されている。わが国の里地里山を守ってきた農業就業者は、昭和二一年（一九四六年）の一四五四万人に対し、平成一二年（二〇〇〇年）には三八九万人へと三分の一に減少した。耕地面積も昭和一三年（一九三九年）の六〇七万haを最高に平成一二年には三八八万haへとおよそ三五％も減少した。[122]ヒトの手が加えられて形成・維持されてきた里山も荒れ、食料自給率は大幅に低下し、主食の米を除く食料の大半を世界各国に依存する始末である。

これから如何に暮らし、如何に子孫を継承していくのか？　今一度、昭和二〇～三〇年代までの循環型の里地里山生活を見直し、現代的な視点から応用できる技を見直す時期に来ている。雑木林の薪や柴を木質バイオマスエネルギーやバイオエタノールの生産に回すなど、循環型資源を持続的に使い直す課題と知恵は盛りだくさんである（次頁写真参照）。ここで最近の動きを幾つか挙げてみるが、食品「廃棄物」や庭木やガーデニングの緑化「廃棄物」、古着や中古の電化製品に対する取り扱い方等々、日常の生活や社会活動においても里地里山文化の基軸である「循環」という思想をもとに見直す課題が山積している。一例をあげると剪定枝や掘りあげた草花の根株などの緑化「廃棄物」は、ゴミにせず堆肥化すると家庭菜園に使うことができる。これで野菜を作るとまさに地産地消である。庭がなければベランダで発砲スチロールの箱などを再利用して

地域完結型燃料システムの構築と運営に関する実験プラント（長野県信濃町）

①選定枝や柴など
セルロース系バイオマス

②バイオマス軟化装置

③糖化発酵装置

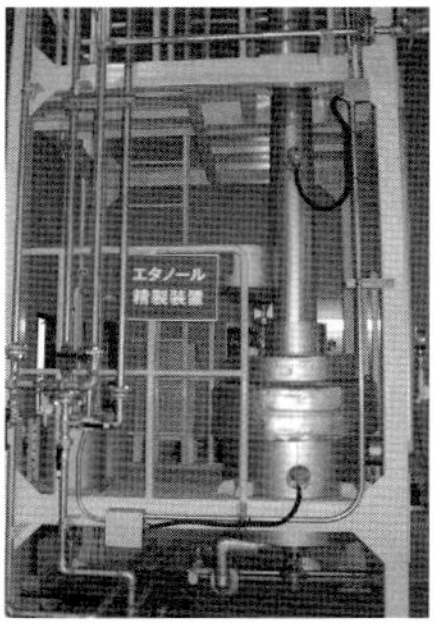

④エタノール精製装置

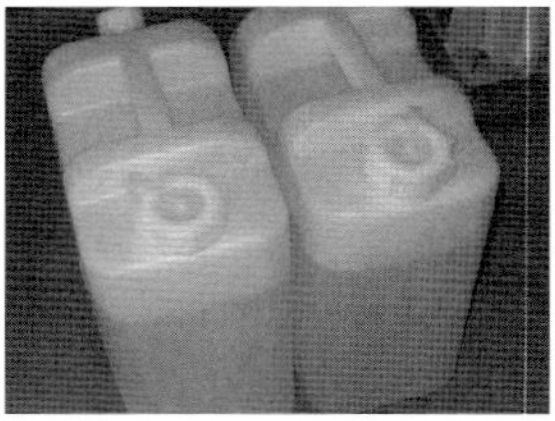
⑤精製バイオエタノール

⑥バイオエタノールエンジン実装車

東京大学、㈱総合環境研究所、山梨大学が共同で実験し、信濃町が支援する。セルロース系バイオマスには剪定枝のほか、稲ワラや籾殻などが使用されている。

野菜を栽培することもできる。雨水を溜めると「下水」に流さず灌水に使うこともできる。

近年、循環可能な燃料としてバイオエタノールの生産が進められている。しかし、その原料の約九四%は穀物と糖料作物であり、本来、食料であるサトウキビや小麦、トウモロコシなどが転用されている。[123] これが食料価格の高騰を招き世界中の大問題になっている。本来、わが国では昭和二〇〜三〇年代まで、里地里山の薪、柴、落葉落枝などの木質バイオマスを燃料にしてきた。もちろんその中心は、切り株から再生し、大気中の炭酸ガスを吸収して成長する植物であり、循環型のエネルギーであった。この原点に立ち返り、燃料の循環や生産流通体制を見直してみては如何なものだろうか！

すでにセルロース系バイオマスの年間利用可能量とバイオエタノール生産可能量が推計されている。[123] それによると里山の雑木などを指す未利用樹、ササ、タケ、製材残材、建築廃材などを合わせ、わが国では年間約一二〇〇万キロリットルの生産が可能であり、この量は、二〇〇六年度、世界のバイオエタノール生産総量、約五〇〇〇万キロリットルのおよそ二〇％に相当する。また、全国的な広がりを見せているのが「菜の花プロジェクト」（事務局：「菜の花プロジェクトネットワーク」滋賀県安土町）である。ナタネを栽培して種子を絞り食用油を作る。絞り糟は、いわゆる「油糟」であり、田畑の肥料に循環する。家庭や事業所では菜種油を利用でき、使い切った廃油を集めて精製し、自動車や船舶、農業機械に使うバイオディーゼル油（ＢＤＦ）に再生して運用する取り組みである。余分なCO_2などのガスを出さず食料や燃料、肥料を持続的に循環するシステムといえる。

わが国の総合食料自給率は、供給熱量ベースで平成一四年（二〇〇二年）には四〇％、平成一八年（二〇〇六年）にはさらに三九％にまで低下した。[124] 平成二〇年、国連によると飢えや極度な貧困におかれている人々は、地球上に依然約一四億人も存在し、サハラ砂漠以南のアフリカや旧ソ連圏では増加の傾向にあると報告している。世界の食料情勢から見ても、諸外国からの食料輸入を最小限に抑え、地産地消を基本とする食料循環を再構築する時に来ている。現在、トウモロコシやムギなど、ヒトの食料を使っての家畜飼育が一般的である。しかし、家畜の飼育に使う餌は、昭和二〇〜三〇年代まで、里山や土手や畦の草、それに食品残渣が原則であった。このことは土手や畦草を餌に使うことにとどまらず、ビールや焼酎、さらに砂糖、豆腐等を生産する際に出る残渣、これらをゴミにせず、餌に循環させるなど、大きく家畜の生産体制を直す必要がある。

下巻でも述べるように、里地里山の変貌によって、平成一一〜一八年、野生動物による農作物被害が年間二〇〇億円前後にまで達している。イノシシやシカを放置せず、捕獲して食肉に使うなど、里地里山と、食料生産との関係を見直す必要がある。イノシシなどの獣を捕食する天敵オオカミは、日本列島からはもうすでに遠い昔に絶滅してしまっている。ヒトの捕獲によって適正な個体数、個体群に調整する必要がある。北海道や兵庫県、島根県、群馬県などのように、野生のイノシシやシカの肉を地域振興のために食肉として流通させ、販売する活動も始まっている。

農作物や加工食品の地産地消は循環型の里地里山生活の原則でもある。食料である有機物を小さなエネルギーコストで循環することができる。昭和二〇～三〇年代までは、それが普通であった。作物を運搬するということは水を運搬することでもある。生植物の含水率はおよそ六〇％、玄米でも約一五％もある。運搬は水の移動でもあり遠距離であればあるほどエネルギーコストが増大する。筆者は、ある友人から「里山を研究するならぜひこれを食べてほしい」と言われ、三重県南部、多気町丹生にある里山に向かった。そこは、地元の方々が栽培して作った食材、その食材でこしらえた昔からの地元料理を出す農業法人経営の農村食堂（農業法人せいわの里「まめや」）である。料理人は農家のシルバーのみなさんである。もちろん自家用作物に農薬を大量に撒く訳はない。米、味噌、豆腐も自家製である。白和え、おから納豆、おから、豆腐寒天、ツクシ煮、ワラビ煮、切干しダイコン、こんにゃく煮等々、食材を自給し工夫を重ねた季節の味である。地場産のツクシやワラビの料理を出せるのは、草刈りを継続する開放的な土手、雑木林を維持している証である。まさにこの食生活が里山でヒトを育んできた。周囲の谷筋に入ると湿田はビオトープである。夏にはカブトムシやクワガタの姿が待ち遠しい、手入れする雑木林もある。水辺にはトノサマガエルやアカガエルが数多く生活し、麦畑では今や珍しくなったヒバリも健在である。環境負荷の少ない循環型の暮らしが里山に多様な動植物がすむ生態系を育んできた。このような農村レストランは、岩手県一関市川崎町薄衣の「ぬくもり」、高知市鏡吉原にある「ふれあい交流館・百日紅《ひゃくじつこう》」など全国に広がりつつある。

さらに里地里山は、生活に必要な稼ぎの場に発展する可能性を秘めている。元々、燃料や食料、水、木材などの必需品を育んできたのであるから当然である。（社）全国農村青少年教育振興会の就農準備校などのように、政府や地方自治体が人材育成や仲人役を行い、農を軸に里地里山生活に参画していく仕組みもある。

また、「好きな仕事で、そこそこ儲けて、いい里山を」と活動を続けるNPO法人「里山倶楽部」（大阪府松原市）、「地域共生型の市民ネットワーク社会づくりで人と里山を守る」NPO法人「えがお・つなげて」（山梨県北杜市）等々、全国には里地里山にベースを置いた生活や暮らしを応援する団体や個人が増えている。都会の仕事に飽きた方や定年でなどで里地里山に暮らしを求める方々も増加している。要は両者のマッチングである。里地里山に対する各自の思いに応じた暮らしは、地産地消や自給自足を含め、現代の社会的要請としても環境負荷の少ない循環型生活を広めて行くであろう。

地球的規模の環境問題、食料や水問題等々に打って出るには、現代的な視点から循環型社会を再構築することが必須である。その拠り所となる思想は、再生と再利用による徹底的循環を基軸にする「里地里山文化」である。今一度、これまでに述べてきた最終氷期からの生活や経済の発展と生態系の変化を振り返り、最初の一歩を踏み出す時期が到来している。「里地里山文化」を基盤とするすばらしい自然環境と、これを舞台に営々と築き上げられてきた東アジア、そして日本の文化を次代に継承するためには避けて通れない課題といえよう。

筆者は、最近「なつかしい風景に未来を活きる知恵が隠されている」と考えるようになった。東アジアや日本の里人が育んできた里地里山文化と、その生態系の詳細については、下巻『循環型社会の暮らしと生態系』に譲りたい。

引用・参考文献

（1）四手井綱英（2006）『森林はモリやハヤシではない―私の森林論―』ナカニシヤ出版
（2）丸山徳次（2007）「今なぜ里山学か」、丸山徳次・宮浦富保編『里山学のすすめ』昭和堂
（3）有岡利幸（2007）『里山Ⅰ』法政大学出版局
（4）犬井正（2002）『里山と人の履歴』新思索社
（5）環境省（2004）パンフレット「里地里山とは」
（6）養父志乃夫（2002）『自然生態修復工学入門』農文協
（7）田口洋美（2001）『越後三面山人記』農文協
（8）阿部永（2005）「日本の動物地理」、増田隆一・阿部永編『動物地理の自然史』北海道大学出版会
（9）鈴木秀夫（1977）『氷河期の気候』古今書院
（10）山野井徹（1998）「日本列島の誕生と植生の形成」、安田喜憲・三好教夫編『図説 日本列島植生史』朝倉書店
（11）安田喜憲（2007）『環境考古学事始め―日本列島二万年の自然環境史』洋泉社
（12）松岡數充（1994）「東シナ海沿岸の環境変遷」、安田喜憲・松岡數充編『日本文化と民族移動』思文閣出版
（13）酒井潤一・熊井久雄・中村由克（1996）「第四紀の古気候と古地理」、藤田至則・新堀友行編『氷河時代と人類―第四紀―』共立出版
（14）海上保安庁（2007）航海図『朝鮮半島南岸及び付近』、『関門海峡至釜山港』
（15）佐藤洋一郎（1992）『稲のきた道』裳華房
（16）内山隆（1998）「関東地方の植生史」、安田喜憲・三好教夫編『日本列島植生史』朝倉書店
（17）田端英雄・宮崎由佳・守山弘（1997）「里山の生物相」、田端英雄編『里山の自然』保育社
（18）酒井潤一（1996）「第四紀の生物相」、藤田至則・新堀友行編『氷河期と人類―第四紀―』共立出版
（19）野尻湖ナウマンゾウ博物館展示資料（2007）
（20）永田純子（2005）「DNAに刻まれたニホンジカの歴史」、増田隆一・阿部永編『動物地理の自然史』北海道

大学出版会
(21) 増田隆一（2005）「ヒグマの系統地理的歴史とブラキストン線」、増田隆一・阿部永編『動物地理の自然史』北海道大学出版会
(22) 渡部琢磨（2005）「イノシシの遺伝子分布地図と起源」、増田隆一・阿部永編『動物地理の自然史』北海道大学出版会
(23) 川本芳（2005）「ケモノたちはどのように定着したか」、京都大学総合博物館編『日本の動物はいつどこからきたのか』岩波書店
(24) 遠藤邦彦・関本勝久ほか（1983）「関東平野の沖積層」アーバンクボタ21
(25) 金山喜昭（1996）「海進海退現象」、大塚初重・白石太一郎・西谷正・町田章編『考古学による日本の歴史16　自然環境と文化』雄山閣
(26) 株式会社クボタ（1996）『大阪とその周辺地域の第四紀地質図』アーバンクボタNo．30
(27) 森浩一（1995）「国府遺跡から古墳の終末まで」、『淀川と大阪・河内平野』アーバンクボタNo．16
(28) 伊達宗泰編（2000）『古代「おおやまと」を探る』学生社
(29) 富山和子（1993）『日本の米』中公新書、中央公論社
(30) 池田次郎（2003）「日本人の起源」、佐藤方彦編『日本人の事典』朝倉書店
(31) 金子隆一（2003）「日本人の人口」、佐藤方彦編『日本人の事典』朝倉書店
(32) 鬼頭宏（2000）『人口から読む日本の歴史』講談社学術文庫
(33) 服部保（1985）『日本本土のシイ―タブ型照葉樹林の群落生態学的研究』神戸群落生態研究会
(34) 辻誠一郎（1987）「最終氷期以降の植生史と変化様式」、日本第四紀学会編『百年千年万年後の日本の自然と人類』古今書院
(35) 辻誠一郎（2005）「三内丸山を支えた生態系」、NHK三内丸山プロジェクト・岡田康博編『縄文文化を掘る―三内丸山遺跡からの展開―』日本放送協会
(36) 養父志乃夫『里地里山文化論（下）循環型社会の暮らしと生態系』（農文協）

（37）小山修三（２００５）「民俗学が復元する縄文社会」、ＮＨＫ三内丸山プロジェクト・岡田康博編『縄文文化を掘る—三内丸山遺跡からの展開—』日本放送協会
（38）佐藤洋一郎（２００５）「ＤＮＡ分析でよむクリ栽培の可能性」、ＮＨＫ三内丸山プロジェクト・岡田康博編『縄文文化を掘る—三内丸山遺跡からの展開—』日本放送協会
（39）辻誠一郎（２００８）「東北の森の生態系史」季刊東北学第14号
（40）小林青樹（２００７）「縄文から弥生への転換」、広瀬和雄編『弥生時代はどうかわるか』学生社
（41）安田喜憲（１９９６）「稲作の環境考古学」季刊考古学第56号、雄山閣
（42）松下孝幸（１９９６）「稲を伝えた人々」、季刊考古学第56号、雄山閣
（43）有岡利幸（１９９９）『梅Ⅰ』法政大学出版局
（44）禰宜田佳（２００７）「稲作の受容と展開」、広瀬和雄編『弥生時代はどうかわるか』学生社
（45）農学大事典編集委員会・坪井八十二・川田信一郎（１９８３）『農学大事典』養賢堂
（46）安田喜憲（１９９６）「「東亜稲作半月弧」と「西亜麦作半月弧」」季刊考古学第56号、雄山閣、ｐ22—26
（47）安室知（２００７）「水田漁撈とはなにか」広瀬和雄編『弥生時代はどうかわるか』学生社
（48）中尾佐助（２００６）『中尾佐助著作集　第Ⅳ巻　照葉樹林文化論』北海道大学出版会
（49）佐々木高明（１９９３）『日本文化の基層を探る—ナラ林文化と照葉樹林文化』日本放送出版協会
（50）田畑久夫（２００３）『照葉樹林文化の成立と現在』古今書院
（51）辻誠一郎（１９９６）「開発と植生の変化」、大塚初重・白石太一郎・西谷正・町田章編『考古学による日本の歴史16　自然環境と文化』雄山閣
（52）前川文夫（１９４３）「史前帰化植物について」植物分類・地理、第13巻
（53）矢野宏二（２００２）『水田の昆虫誌』東海大学出版会
（54）小学館（２００８）『新版　食材図典　生鮮食材編』
（55）有薗正一郎（２００７）『農耕技術の歴史地理』古今書院
（56）山田文雄（２００６）「哺乳類からみた里やまの自然」、（財）日本自然保護協会編『生態学からみた里やまの自然

と保護』講談社サイエンティフィク
(57) 浜口哲一（２００６）「鳥類からみた里やまの自然」（財）日本自然保護協会編『生態学からみた里やまの自然と保護』講談社サイエンティフィク
(58) 西村三郎（１９７４）『日本海の成立』築地書館
(59) 近藤高貴（２００６）「魚類・貝類・甲殻類からみた里やまの自然」、（財）日本自然保護協会編『生態学からみた里やまの自然と保護』講談社サイエンティフィク
(60) 守山弘（１９９７）『水田を守るとはどういうことか』農文協
(61) 松井正文（２００６）「両生・爬虫類からみた里やまの自然」、（財）日本自然保護協会編『生態学からみた里やまの自然と保護』講談社サイエンティフィク
(62) 日浦勇（１９７３）『海をわたるチョウ』蒼樹社
(63) 上田哲行（１９９９）「水田のトンボ群集」、江崎保男・田中哲夫編『水辺環境の保全』朝倉書店
(64) 日比伸子・山本知巳・遊磨正秀（１９９９）「水田周辺の人為水系における水生昆虫の生活」、江崎保男・田中哲夫編『水辺環境の保全』朝倉書店
(65) 日鷹一雅（１９９９）「水田における生物多様性とその修復」、江崎保男・田中哲夫編『水辺環境の保全』朝倉書店
(66) 石井実（２００６）「里山林の生態学的価値」（財）日本自然保護協会編『生態学からみた里やまの自然と保護』講談社サイエンティフィク
(67) 森勇一（１９９６）「昆虫から探る古環境」、大塚初重・白石太一郎・西谷正・町田章編『考古学による日本の歴史16　自然環境と文化』雄山閣
(68) 森勇一（１９９６）「稲作農耕と昆虫」、季刊考古学第56号、雄山閣
(69) 吉井正（１９７９）『わたり鳥』東京大学出版会
(70) 樋口芳広（２００５）『鳥たちの旅』日本放送出版協会
(71) 三土正則（１９７６）「水田土壌」、『日本の土壌—土壌の生いたちとその荒廃をめぐって—』アーバンクボタＮｏ．13

(72) 原田信男（2006）『コメを選んだ日本の歴史』文春新書、文藝春秋
(73) 所三男（1980）『近世林業史の研究』吉川弘文館
(74) 市川健夫（1981）『日本の馬と牛』東書選書
(75) 水本邦彦（2003）『草山が語る近世』山川出版社
(76) 清澤聡（1988）「第三章近世 第一節 支配」、『頸城村史』頸城村（現 上越市）
(77) 農水省振興局農産課（1961）『昭和34・35年度農産年報』
(78) 渡辺善次郎（2002）「白魚の棲む隅田川と大臭気のテームズ川」、『江戸時代にみる日本型環境保全の源流』農文協
(79) 田中愼一（2007）「明治前期民事判決にみる肥料経済をめぐる利害状況」北海道大学経済學研究57（1）
(80) 堤康次郎（1956）『苦闘三十年』三康文化研究所
(81) 藤田佳久（1995）「近世末（1850年頃）の林野利用」、「第二次世界大戦前の林野の荒廃と粗放的利用」、西川治監修『アトラス 日本列島の環境変化』朝倉書店
(82) 農林省山林局（1936）『焼畑及切替畑に関する調査』
(83) 農林省統計調査部（1955）『1950年世界農業センサス市町村別統計表』
(84) 古沢典夫（2002）「壮大―働き盛り三代で一巡する焼畑輪作」、『江戸時代にみる日本型環境保全の源流』農文協
(85) 松山利夫（1990）「山村の生産活動と村落生活の諸相」、日本村落史講座編集委員会『日本村落史講座第七巻 生活2［近世］』雄山閣
(86) 清水隆久「校注・解説執筆」、土屋又三郎作（享保2年）『農業図絵』（1983）日本農書全集26、農文協
(87) 戸谷敏之（1949）『近世農業経営史論』日本評論社
(88) 太田雅慶（2002）「伐採跡の植林の義務づけ―塩田燃料・利用と規制のバランス」、『江戸時代にみる日本型環境保全の源流』農文協
(89) 日本木炭史編纂委員会（1960）『日本木炭史』（社）全国燃料会館

(90) 大日本山林会（1981）『広葉樹林とその施業』地球社
(91) 藤田佳久（1995）『日本・育成林業地域形成論』古今書院
(92) 高原光（1998）「近畿地方の植生史」安田喜憲・三好教夫編『日本列島植生史』朝倉書店
(93) 有薗正一郎（1995）「近世末（1850年頃）の国土利用」、西川治監修『アトラス　日本列島の環境変化』朝倉書店
(94) 土屋俊幸（1991）「山村」、日本村落史講座編集委員会『日本村落史講座第三巻　景観2［近世・近現代］』雄山閣
(95) 加用信文監修・（財）農政調査委員会編（1977）『改訂日本農業基礎統計』（財）農林統計協会
(96) 根崎光男編（2006）『日本近世環境史料演習』同成社
(97) 岡光夫訳（著者、発行年未詳）『百姓伝記　巻八～巻十五』（1979）日本農書全集17、農文協
(98) 和泉剛（1976）「北但馬（氷ノ山）のけものの保護と管理」、四手井綱英・川村俊蔵『追われるけものたち』築地書館
(99) 安田健（1987）『江戸諸国物産帳』晶文社
(100) 平岩米吉（1982）「東京にいた動物たちの話」、沼田真・小原秀雄編『東京の生物史』紀伊國屋書店
(101) 長青編著・蘇雲山・市田則孝訳（2007）『トキの研究』新樹社
(102) 杉村光俊・石田昇三・小島圭三・石田勝義・青木典司（1999）『原色日本トンボ幼虫・成虫大図鑑』北海道大学出版会
(103) （財）日本植物調節剤研究協会・中華人民共和国農業部農薬検定所（2000）『中国雑草原色図鑑』全国農村教育協会
(104) 有薗正一郎（1998）『ヒガンバナが日本に来た道』海青社
(105) 松井正文（2005）「両生類の地理的変異」、増田隆一・阿部永編『動物地理の自然史』北海道大学出版会
(106) 岩松鷹司（2002）『メダカと日本人』青弓社
(107) 任美鍔編・阿部治平・駒井正一訳（1988）『中国の自然地理』東京大学出版会

(108) 佐藤洋一郎(2003)『イネが語る日本と中国』中国文化百華 第4巻、農文協
(109) 山東省(2006)『統計年鑑』
(110) 石毛直道(2006)『麺の文化史』講談社、学術文庫
(111) 岡田哲(2001)『コムギの食文化を知る事典』東京堂出版
(112) 寺尾善雄(1993)『中国文化伝来事典』河出書房新書
(113) 大野木吉兵衛(1994)「わが国氷砂糖製造業の歴史」、新光精糖株式会社編『新光精糖50年の歩み 砂糖・氷砂糖の歴史』社史編集委員会
(114) 渡辺実(1964)『日本食生活史』吉川弘文館
(115) 中村欣哉(2007)『韓国の和食日本の韓食』柘植書房新社
(116) 原田信男(2008)『中世の村のかたちと暮らし』角川選書
(117) 上田雄(2006)『遣唐使全航海』草思社
(118) 宮脇昭(2001)『鎮守の森』新潮社
(119) 緑地研究会・四出井綱英(1974)『社寺林の研究・1』(財)土井林学振興会
(120) 佐々木高明(2007)『照葉樹林文化とは何か』中公新書
(121) 増田啓子(2007)「里山林と気候」、丸山徳次・宮浦富保編『里山学のすすめ』昭和堂
(122) 農林水産省統計情報部(2003)『農業センサス累年統計書』(財)農林統計協会
(123) 大聖泰広・三井物産株式会社編(2008)『バイオエタノール最前線』工業調査会
(124) 農林水産省(2006、2007)『ポケット農林水産統計平成18年版、平成19年度版』

は

ま

や

ら

わ

た

な

さ

索引

あ

か

里地里山文化論　上
循環型社会の基層と形成

2009年8月31日　第1刷発行

著　者　養父　志乃夫

発行所　社団法人　農山漁村文化協会
〒107-8668
東京都港区赤坂7丁目6-1
電　話　03(3585)1141(営業)
03(3585)1147(編集)
FAX　03(3589)1387
振　替　00120-3-144478
URL　http://www.ruralnet.or.jp/

ISBN978-4-540-09164-3
〈検印廃止〉

DTP制作　髙坂　均
印刷・製本　(株)東京印書館

定価はカバーに表示
乱丁・落丁本はお取り替えいたします。

著者略歴

養父　志乃夫

やぶ　しのぶ●1957年大阪市生まれ。1986年大阪府立大学大学院博士課程修了。農学博士。東京農業大学助手、鹿児島大学農学部助教授を経て、現在、和歌山大学システム工学部環境システム学科、大学院システム工学研究科博士課程教授（自然生態環境工学）

主な著書
『ビオトープ再生技術入門―ビオトープ管理士へのいざない―』『田んぼビオトープ入門』『生きものをわが家に招く―ホームビオトープ入門』『荒廃した里山を蘇らせる―自然生態修復工学』以上農文協、『生きもののすむ環境づくり―トンボ編―』環境緑化新聞社、『野生草花による景観の創造』東京農業大学出版会、中国語版『ビオトープ再生技術入門』中国建築工業出版

共著『生物多様性緑化ハンドブック』地人書館、『最新環境緑化工学』『環境緑化の事典』『生態工学』『ビオトープの構造』『自然環境復元の技術』『緑地生態学』以上朝倉書店、『自然再生』『雑木林の植生管理』『水辺のリハビリテーション』『エコロード』『最先端の緑化技術』以上ソフトサイエンス社、『ランドスケープエコロジー』技報堂出版、『エコロジカルデザイン』ぎょうせい、『都市緑化の最新技術』工業技術会などがある。